D. Boeminghaus

Mauern und Wege

Dieter Boeminghaus

Mauern und Wege

Gestaltungselemente im städtischen Bereich

Callwey

CIP-Kurztitelaufnahme der Deutschen Bibliothek
Boeminghaus, Dieter:
Mauern und Wege: Gestaltungselemente im städt. Bereich/
Dieter Boeminghaus. - München: Callwey, 1982.
ISBN 3-7667-0614-4

Schutzumschlagentwurf Baur-Belli Design, München
Layout ifu - aachen
Satz Monofilm GmbH, Sandbach/Passau
Lithos Brend'amour, München
Montage und Druck Pera-Druck, Gräfelfing b. München
Bindung Grimm & Bleicher, München
Printed in Germany 1982

Contents Inhalt

Gestaltung von Mauern und Wegen
Designing of Walls and Ways

The two- and threedimensional systematic action of man begins with the establishment of paths and walls. The place to live in is unthinkable without these two elements of design. For a proper housing the roof is added, but the public space is determined by the appearance of paths and walls. From the linguistical point of view, the walls are first mentioned in this connection and so it seems that they take a position which demands a separate treatment. But from today's planner's point of view, walls are a part of the path and often even its distinctive mark, the high border. By means of the wall the way becomes the street place. That is the reason why it is more meaningful not to class the two design components of urban areas with single chapters respectively. Good planning connects them anyway.

The chosen registration principle of this publication where the design examples of both components appear simultaneously and side by side duplicates the development of the way from the first simple forms of the path to mixed areas for pedestrians and traffic:

Das zwei- und dreidimensionale planvolle Handeln des Menschen beginnt mit dem Anlegen von Wegen und Mauern. Ohne diese beiden Gestaltungselemente ist ein Ort des Wohnens nicht denkbar. Für die eigentliche Behausung kommt noch das Dach hinzu, doch der öffentliche Freiraum wird vor allem durch das Erscheinungsbild von Wegen und Mauern geprägt. Aus sprachlicher Sicht werden in diesem Zusammenhang die Mauern immer zuerst genannt und sie scheinen so besehen eine eigene Stellung einzunehmen, die eine getrennte Behandlung verlangt. Aus der Sicht heutiger Planung jedoch sind die Mauern ein Teil des Weges und oftmal ihr Erkennungsmerkmal, der hochgezogene Rand. Durch sie wird Weg erst zum Straßenraum. So ist es auch sinnvoller, den beiden Gestaltungselementen innerstädtischer Bereiche nicht jeweils eigene Kapitel zuzuordnen, sondern sie vielmehr als Einheit zu betrachten, zu der sie eine gute Planung ohnehin verbindet.

Das für diese Veröffentlichung gewählte Ordnungsprinzip, in dem die Gestaltungsbeispiele beider Elemente miteinander und nebeneinander auftreten können, zeichnet die Entwicklung des Weges nach von den ersten einfachen Formen des Pfades bis hin zu gemischten Flächen für Fußgänger und Verkehr:

Ways

Starting from a simple path in the valley of Verzasca (Ticino) where one can find all original forms of ways and walls and which is a model for many planners, examples of simple ways are shown where the movement of walking dominates.

Pedestrian Precincts

When the whole street space is exclusively determined for the use of the pedestrians we cannot speak any more of ways. In the broader areas, surfaces which cannot be walked on are left free for other rising elements such as vegetation, seating and lighting. Here the form of walls and floor covering is also largely determined by the walking of men.

Squares

The large-scale expansion of pedestrian precincts offers, in the literal sense of the word, space for new uses and other kinds of behaviour on the part of the citizen. Generally, a large surface is left free from other design components such as rising objects which would limit and enclose the square. The detailed planned and carefully designed slab coverings and paving surfaces try to comply by their shape with the different use and views of the squares and the related attitudes and perceptions of the passers-by.

Public Areas

This conception comprises all those design examples by which mainly derive their form and significance from a surrounding which serve as a means of design. These can be walls and ways in gardens, in front of and in public buildings, such as museums, churches, banks and insurance buildings. Problems especially of integration are thus transposed by design. In many cases, in particular in connection with buildings, the design elements take over mediating function which facilitates an approach or unconsciously allow of participation in the contents of the houses hidden behind the facades.
In the region of leisure, only those design elements adjusted to the purposeless use play an ever increasing role. Answerable to almost no historical development the planner has space enough for new inventions and unusual stimulating ideas. In this field his own experiences can be best realized and transposed into a new language of form. These areas allow also the application of recognizable design quotations from southern countries.

Pavements

This word designates the small sidewalks along the lanes. Those examples have been chosen the design of which facilitates the pedestrian's walk, where his need for security is considered and attention given to his increased readiness of perception. The design examples presented also prove, that walls and ways are instrumental in the characterization of a townscape if a far-sighted plan concept underlies them.

Areas for Walking, Driving and Parking

It is not only since the design transposition of measures to calm the traffic has been faced with the problem of designing surfaces which are equally appropriate for the pedestrian as well for moving as for standing traffic. That is why the technical problems of traffic and demands for security have to go along with an aesthetic style which is aimed in a detailed way at the slow and thus all the more critical pedestrian. This style has qualitatively to resemble other forms of way which the citizen does not share with the car, but with mixed use, mainly the unusually large area which is not always occupied by parked cars, can lead to quite new impressions for eye and gait.

Wege S. 20

Ways

Fußgängerbereiche S. 39

Pedestrian Precincts

Plätze S. 52

Squares

Wege

Ausgehend von einem einfachen Pfad im Verzascatal (Tessin), in dem man alle ursprünglichen Formen des Weges und der Mauern wiederfindet und das vielen Planern als Vorbild dient, werden Beispiele von einfachen Wegen gezeigt, auf denen die Bewegung des Gehens vorherrscht.

Fußgängerbereiche

Ist der gesamte Straßenraum ausschließlich für die Benutzung des Fußgängers bestimmt, kann man nicht mehr von Wegen sprechen. In den breiteren Bereichen bleiben unbegehbare Flächen frei für weitere aufragende Elemente wie Vegetation, Sitzgelegenheiten und Beleuchtung. Auch hier wird die Form von Mauern und Bodenbelägen noch vorwiegend durch das Gehen der Menschen bestimmt.

Plätze

Die großflächige Ausweitung der Fußgängerbereiche bietet im wörtlichen Sinne Platz für neue Nutzungen und andere Verhaltensweisen der Bürger. In der Regel bleibt eine große Fläche frei von weiteren Gestaltungselementen, die als aufragende Objekte den Platz begrenzen und einfassen. Die detailliert durchgestalteten und sorgfältig ausgeführten Plattenbeläge und Pflasterflächen versuchen in ihrer Formgebung auf die unterschiedlichen Nutzungen und Ansichten der Plätze und auf die damit verbundenen Haltungen und Wahrnehmungen der Passanten einzugehen.

Anlagen

Unter diesem Begriff sind alle Gestaltungsbeispiele zusammengefaßt, die ihre Form und ihre Bedeutung vornehmlich aus einem Umfeld beziehen, dem sie als Gestaltungsmittel dienen. Das können Mauern und Wege in Grünanlagen sein und vor und in öffentlichen Gebäuden wie Museumsanlagen, Kirchen, Banken und Versicherungsgebäuden. So werden hier vornehmlich Probleme der Integration gestalterisch umgesetzt. In vielen Fällen, insbesondere in Verbindung mit Gebäuden, übernehmen die Gestaltungselemente Vermittlerfunktionen, die eine Annäherung erleichtern oder indirekt und unbewußt an hinter den Fassaden verborgenen Inhalten der Häuser teilhaben lassen.

Im Freizeitbereich spielen die einzig auf den zweckfreien Gebrauch ausgerichteten Gestaltungselemente eine immer größere Rolle. Kaum einer historischen Entwicklung verpflichtet, bleibt dem Planer der größte gestalterische Spielraum für neue Erfindungen und ungwöhnliche, anregende Ideen. Hier lassen sich auch am leichtesten die eigenen Erfahrungen verwirklichen und in eine neue Formensprache übertragen. Diese Bereiche erlauben auch den Einsatz von wiedererkennbaren Gestaltzitaten aus südlichen Ländern.

Bürgersteige

Damit sind die schmalen Gehwege in Begleitung der Fahrbahn gemeint. Es sind jene Beispiele ausgewählt, bei denen durch die Gestaltung dem Fußgänger das Gehen erleichtert, seinem Sicherheitsbedürfnis Rechnung getragen und seiner größeren Wahrnehmungsbereitschaft mehr Aufmerksamkeit geschenkt wird. Die vorgestellten Gestaltungsbeispiele beweisen auch, daß Mauern und Wege wesentlich zur Charakterisierung des Stadtbildes beitragen können, wenn ihnen ein weitsichtiges Planungskonzept zugrunde liegt.

Geh-, Fahr- und Parkflächen

Nicht erst seit der gestalterischen Umsetzung von Maßnahmen zur Verkehrsberuhigung stehen wir vor dem Problem, Flächen gestalten zu müssen, die für den Fußgänger, den fließenden und den ruhenden Verkehr gleichermaßen geeignet sind. Die verkehrstechnischen Probleme und die Anforderungen an die Sicherheit müssen dabei einhergehen mit einer im Detail auf den langsamen und darum um so kritischeren Fußgänger ausgerichteten ästhetischen Formgebung. In ihrer Qualität muß sie den anderen Formen von Wegen gleichen, die der Bürger nicht mit dem Fahrzeug teilt, doch die gemischte Nutzung, vor allem aber die ungewohnt große Fläche, die nicht immer von parkenden Autos besetzt ist, kann zu ganz eigenen, für das Auge und den Gang neuen Eindrücken führen.

Anlagen S. 77
Public Areas

Bürgersteige S. 133
Pavements

Geh-, Fahr- und Parkflächen S. 143
Areas for Walking, Driving and Parking

Variety of Forms

The particular attention devoted to similar design elements in public areas, such as wall and floor covering opens the eye also for their basic formal significance. Walls and ways can be found in all cultures and these historical examples prove that the designer has always to think about the same design problems. They have to prepare a surface for walking on, to surmount a special height, to protect against adverse conditions. Exterior influences such as rain and frost determine the appearance as well as use by man. With the course of time a complete repertory of forms has been developed which can all be linked with the conceptions of wall and way. The *slanting* wall can be differentiated from the *isolated horizontal* one. A *passage* within these two forms is expressly designed. *Slopes* mostly support the terrain or hold up embankments. They absorb sometimes by their elongation an isolated wall which presents itself as protecting *balustrade* in quite another shape. Also simple and mostly low *enclosures* of vegetation can be added to the repertory of forms with which, exceptionally, the wall of buildings should be ranked if it is appropriately styled.

The range of the different forms of floor coverings is even richer. Beginning with the narrow *path*, its surface expansion into a *square* opens up totally different design possibilities. Tree disks and channels do not only offer exceptional technical solutions, but in the range of the previously mentioned examples they will often be treated as independent objects and heavily stressed.

Amongst those surfaces which are more inclined first of all *hills* and *ramparts* can be mentioned. With their help, familiar round models from the countryside can be transposed into the town landscape. But also the plane and paved *slopes*, developed for the fastening of coasts and rivers, can be seen in the townscape protecting against waves of tin or damming floods of pedestrians. The *slope* which can still be walked on and above all played on represents an additional potential, but which needs a careful design.

The *ramp* is less inclined and appropriate for both walking and driving and at the same time it surmounts heights.

The *step*, finally, allows only ascending and overcomes heights in very narrow spaces. Whereas originally all these different forms were invented, modified and applied for the necessity of surmounting obstacles, to give people access or to grant security, today, the same forms are included in other relations and put to new uses. In this process, exterior

Formenreichtum

Das besondere Augenmerk, das den einfachen Gestaltungselementen wie Mauer und Bodenbelag in öffentlichen Bereichen wieder zukommt, öffnet die Blicke auch für deren grundsätzliche, formale Bedeutung.

Mauern und Wege finden sich in allen Kulturen wieder und gerade die historischen Beispiele belegen, daß es immer die gleichen Gestaltungsprobleme bleiben, mit denen sich der Planer auseinanderzusetzen hat. Es gilt, eine Fläche begehbar zu machen, eine bestimmte Höhe zu überwinden, vor widrigen Umständen zu schützen. Äußere Einflüsse wie Regen und Frost bestimmen daher ebenso das Erscheinungsbild wie die Benutzung durch den Menschen. Hierbei hat sich mit der Zeit ein ganzes Repertoire von Formen entwickelt, die sich alle mit den Begriffen Mauer und Weg verbinden lassen.

Von der *freistehenden, waagrechten Mauer* läßt sich die *schräg ansteigende* unterscheiden. Und auch ein *Durchlaß* in diesen beiden Formen ist eigens ausgebildet. Meist geneigte *Böschungsmauern* fangen Gelände ab oder halten Aufschüttungen zurück. Sie nehmen in ihrer Verlängerung bisweilen eine freistehende Mauer auf, die sich als schützende *Brüstung* wieder anders darstellt. Aber auch einfache und meist niedrige *Einfassungen* von Vegetation rechnen zum Formenrepertoire der Mauern, zu dem man in Ausnahmefällen auch die *Wand* von Gebäuden zählen sollte, wenn sie entsprechend werkgerecht ausgebildet ist.

Die Palette der verschiedenen Bodenbelagformen ist noch reichhaltiger.

Ausgehend von dem schmalen *Weg*, wird eine flächenhafte Ausdehnung als *Platz* ganz anders geartete Gestaltungsmöglichkeiten eröffnen. *Baumscheiben* und *Rinnen* stellen nicht nur technische Sonderlösungen dar, im Gefüge der vorgenannten Beispiele sind sie gestalterisch oftmals als eigenständige Objekte mit dominierender Akzentbildung behandelt.

Unter den stärker geneigten und bewegten Flächen sind zunächst steinerne *Hügel* und *Wälle* zu nennen. Mit ihnen lassen sich vom freien Gelände her bekannte runde Modellierungen auf die Stadtlandschaft übertragen. Aber auch die flacher gepflasterten *Böschungen* zur Befestigung von Küsten und Flußläufen entwickelt finden sich im Stadtbild wieder. Sie schützen vor Blechwogen oder dämmen Fußgängerströme ein. Gerade noch begehbar und vorzüglich bespielbar ist die *Böschung* ein zusätzliches optisches Angebot, das jedoch einer sorgfältigen Ausführung bedarf.

necessities which forcibly demand a suitable solution at a special place, no longer play any role.

Different elements, such as steps and ramps have to be introduced into the game of forms of flat grounds. The necessary but lacking elevation is artificially deposited. Its stabilization can entail further forms such as slope and wall. It is self-evident that new unusual forms of utilization emerge through this kind of planning.

Motives of Design

The traditional way of conceiving a design is of course also workable in order to obtain those new stimulations when designing which have no prehistory and do not present themselves as bad imitations or old things which one has experienced more impressively in other places.

If one realizes the variety of different design motives and connects them with distinct elements.then such ideas as the following can be transformed into experienced forms: *to level the path, to approach slowly, to pay attention to steps, to move freely, to keep distance, to have calmness*.

Particular Points

The nature of design elements, particularly with walls and ways, is not revealed to the user by general impression although this is argued generally and reinforces by the forms of the photographs. The picture of the object grows out of the fullness of distinct impressions which are probed one by one by the senses and linked together in an unconsciously felt manner. The richness of design, the variety of forms and the typical character of a design solution are not realized at each point of a component. These are *particular points* which determine the value of a shape and its pecularities. If one wants to analyze the quality of a component as a result of the first eye-catching impression more exact information is given by its *particular points*, those are the *edges* and *borders, foot-, corner points* and *vertexes, beginning* and *end* of a component, *border line* where the material changes, *terraces* and *ledges*, points of *contact, ornaments* or *coverings*. Design criteria which are familiar to the designer in large forms, e.g. buildings correspond to the detail. But whereas when building a house, the little stones follow the design of the overall planning and derive from a superior concept, the shape of walls and ways develops from the basic quality of the material. *Colour, format,* possibilities of *production, processing* and *surface treatment* already provide the shape of later appearances. The stone formats mostly determined by the hard manufacture and the dimensions (the stretching length when laying bricks, maximum daily height when making a wall) pre-shaped by the working process unconsciuosly present the citizen with a human structure and dimension which when using urban public areas, he can experience sensually.

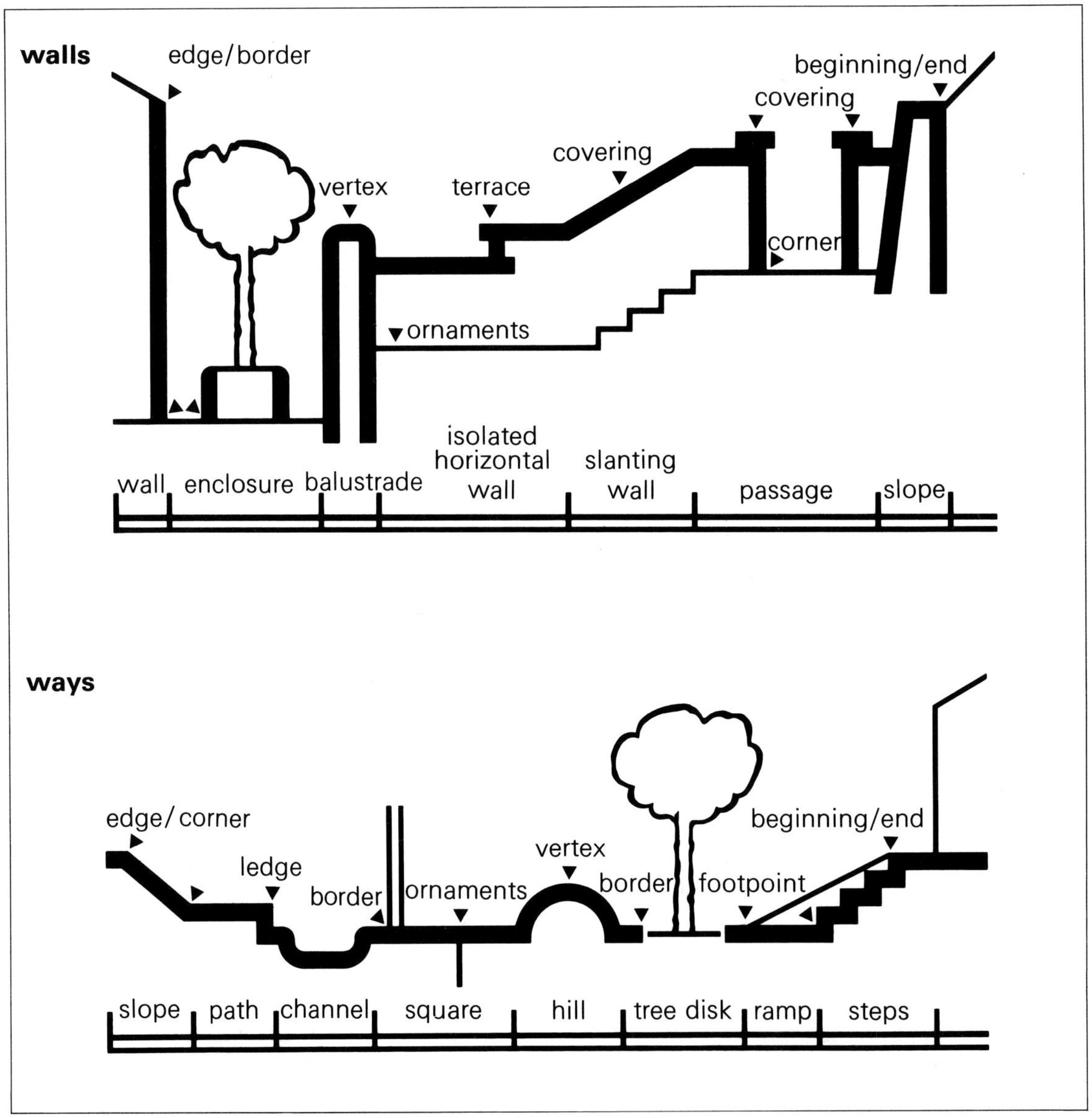

Particular Points
Variety of Forms

Schwächer geneigt und zum Gehen und Befahren gleichermaßen geeignet zum Überwinden von Höhenunterschieden ist die *Rampe*. Die *Treppe* schließlich läßt nur noch das Steigen zu und überwindet Höhen auf engstem Raum.

Während all diese verschiedenen Formen ursprünglich erfunden, verbessert und eingesetzt wurden, um – der Not gehorchend – zur Überwindung eines Hindernisses beizutragen und dem Menschen Zugang zu verschaffen oder Sicherheit zu gewähren, werden heute die gleichen Erscheinungsformen dieser Elemente in einem anderen Gestaltungszusammenhang eingesetzt und neuen Nutzungen zugeführt. Dabei spielt eine äußere einsehbare Notwendigkeit, die an einem bestimmten Ort zwingend eine angemessene Lösung verlangt, keine Rolle mehr. Verschiedene Elemente, eine Treppe und Rampe z. B., sollen in das Formenspiel einer flachen Anlage eingeführt werden. Die notwendige aber fehlende Erhöhung wird künstlich aufgeschüttet. Ihre Sicherung kann weitere Formen, z. B. Böschung und Mauer nach sich ziehen. Daß sich bei dieser Planung neue, ungewöhnliche Nutzungsformen ergeben, liegt auf der Hand.

Gestaltungsmotive

Natürlich ist auch der traditionelle Weg der Gestaltfindung denkbar, um zu neuen Impulsen in der Formgebung zu gelangen, die keine historische Vorgeschichte haben und sich nicht als schlechte Imitation darstellen von alten Dingen, die man an anderer Stelle viel einprägsamer erlebt hat. Wenn man sich über die Vielzahl von unterschiedlichen Gestaltungsmotiven im klaren ist und diese mit den verschieden ausgeprägten Elementen in Verbindung bringen kann, dann lassen sich auch Gedanken wie: *den Weg ebnen, sich langsam nähern, auf die Schritte achten, sich frei bewegen, Abstand halten, in Ruhe lassen,* in erlebbare Gestalt verwandeln.

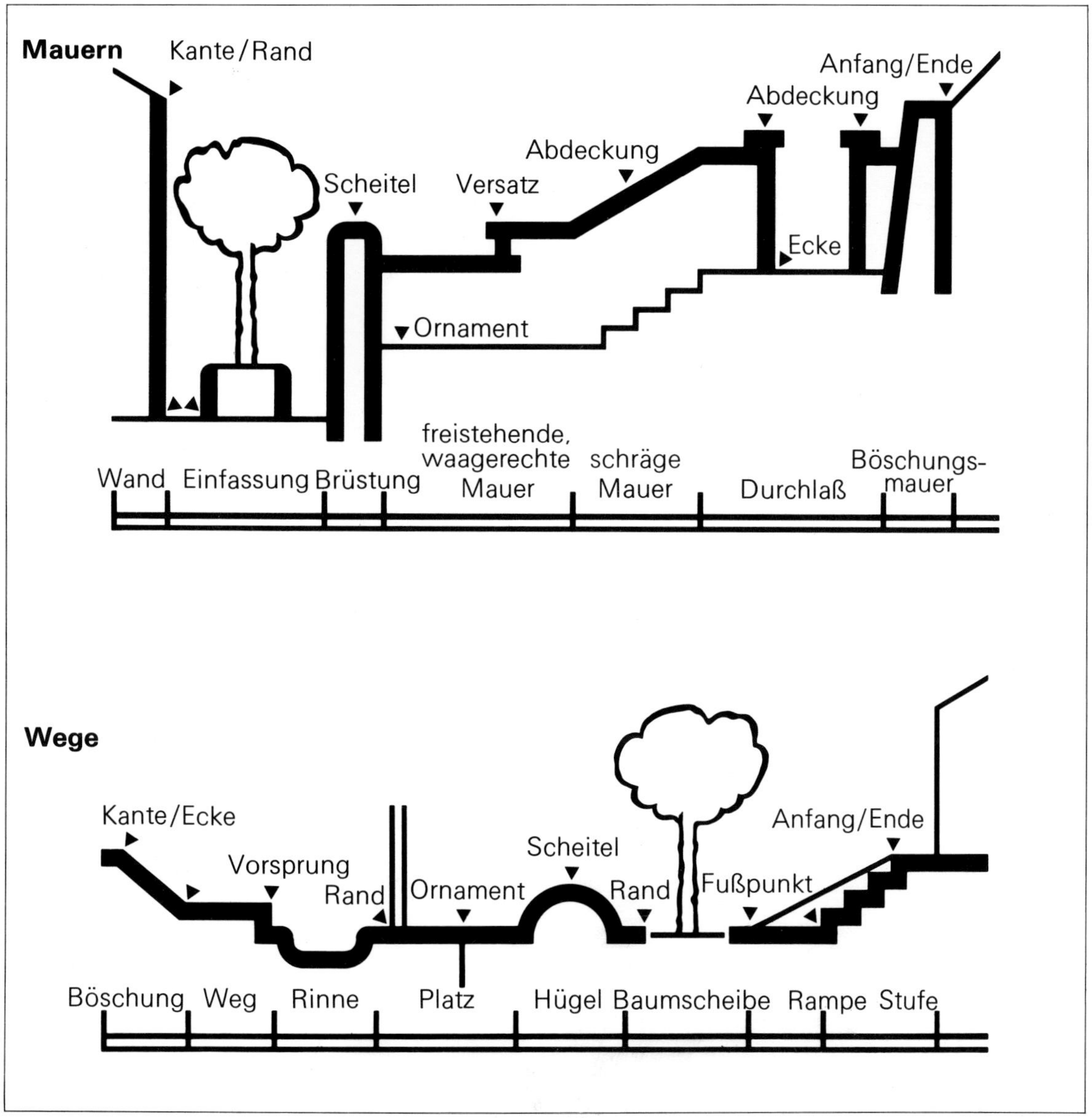

Besondere Stellen

Das Wesen der Gestaltungselemente, dies gilt insbesondere für Mauern und Wege, erschließt sich dem Benutzer nicht über den Gesamteindruck, obwohl das allgemein behauptet wird und die Formen der fotografischen Abbildung diesen Eindruck noch verstärken. Durch eine Fülle von kennzeichnenden Eindrücken, die nacheinander mit den Sinnen abgetastet werden und auf nicht mehr bewußt wahrnehmbare Weise zusammenwirken, entsteht das Bild des Objektes. Der Gestaltreichtum, die Vielfalt der Formen und das Typische einer Gestaltlösung zeigt sich nicht an jeder Stelle eines Elementes. Es sind dies *besondere Stellen,* die den Wert einer Form und ihre Eigenarten bestimmen. Wenn man aufgrund eines augenfälligen ersten Eindruckes die Qualität eines Elements näher bestimmen möchte, so kann man einen genaueren Aufschluß leichter über seine *besonderen Stellen* erlangen, über die *Kanten* und *Ränder,* die *Fuß-, Eck- und Scheitelpunkte,* über den *Anfang* und das *Ende* eines Elements, die *Grenzlinie,* an der das Material wechselt, im *Versatz* und *Versprung,* in den *Berührungspunkten* und im *Ornament* oder in der *Abdeckung*. Gestaltungskriterien, die dem Planer an der großen Form, den Gebäuden z. B., geläufig sind, finden im Detail ihre Entsprechung. Während jedoch beim Hausbau die kleinen Bausteine der Gestalt der Gesamtplanung folgen und aus einem übergeordneten Konzept abgeleitet werden, entwickelt sich die Gestalt von Mauern und Wegen vielfach aus der formalen Qualität des kleinteiligen Materials heraus. *Farbe, Format,* Möglichkeiten der *Herstellung, Verarbeitung* und *Oberflächenbehandlung* geben bereits den Rahmen ab für spätere Erscheinungsbilder. Die weitgehend von der handwerklichen Verarbeitung bestimmten Steinformate und die durch den Arbeitsgang vorgezeichneten Abmessungen (z. B. Greiflänge beim Verlegen, maximale Höhe täglich beim Mauern) bieten unbewußt dem Bürger beim Benutzen innerstädtischer, öffentlicher Bereiche eine humane Struktur, einen menschlichen Maßstab, den er mit seinen Sinnen ständig erfahren kann.

Besondere Stellen
Formenreichtum

Arbeitsblätter Mauern und Wege

Die Suche nach der angemessenen Gestalt spielt im Planungsprozeß eine entscheidende Rolle. Der notwendige Ideenreichtum und ein hohes Maß an Kreativität werden dabei durch die persönlichen Erfahrungen des Gestalters gefördert. Dies sind in erster Linie Seherfahrungen und die Resultate einer kritischen Wahrnehmung. Wichtige Teilstücke oder die wesenbestimmenden späteren Eindrücke der Form eines Objektes, das geplant und ausgeführt werden muß, sind in irgendeinem Zusammenhang bereits einmal wahrgenommen worden.

Der Gestalter kann auf Grund seiner gestalterischen Fähigkeiten aus den ihm bekannten Formen gleich welcher Art (es können auch Umgangsformen sein) Teilaspekte herauslösen, diese sinngemäß auf eine neue Aufgabe übertragen und sie in ein neues Erscheinungsbild einbinden.

In der Regel bleibt dies ein unbewußter Prozeß. Aus persönlicher Anschauung wissen wir jedoch, daß die intensive und kritische Auseinandersetzung mit einem realen Objekt uns in die Lage versetzen kann, wesentliche Eigenschaften über einen längeren Zeitraum noch bewußt merken zu können. Ist der Gegenstand unseres Interesses zusätzlich von uns in irgendeiner Form festgehalten worden, z. B. als Skizze, lernen wir ihn nicht nur gründlicher kennen – durch die Übertragung in eine Bildsprache lassen sich wichtige Details auch »nachschlagen«, wenn wir später bei der Suche nach einer guten Gestalt an unsere Aufzeichnungen erinnert werden.

Erfahrene Planer machen von dieser Planungshilfe zu allen Zeiten Gebrauch. Sie schulen ihre Wahrnehmung, indem sie die Dinge ihrer näheren Umwelt beständig nach neuen Anregungen für ihr gestalterisches Tun abtasten. Und sie haben alle ihre eigenen Methoden des Notierens, Umsetzens und Archivierens von wichtigen Erfahrungen entwickelt. Am geläufigsten sind Studienfahrten, die ausschließlich dem Ziel dienen, neue Anregungen zu sammeln, und das Skizzenbuch hilft, diese Erkenntnisse, Ansichten und Einsichten zu notieren.

Bei den rasch wechselnden und immer komplexer werdenden Gestaltungsaufgaben reicht die freibleibende Zeit nicht mehr aus, um sich jedesmal vor Ort über vergleichbar gebaute Gestaltlösungen neue Anregungen einzuholen. Man vertraut sich in diesen Fällen immer häufiger den Hinweisen an, die die verschiedenen Medien über die bereits verwirklichten Projekte anbieten. In der Darstellung der Medien erreichen uns die Eindrücke jedoch in einer veränderten Gestalt. Das Objekt wird abgebildet und teilt sich jetzt in einer anderen sichtbaren Form mit, als Information.

In den seltensten Fällen sind die dem realen Erscheinungsbild des Objektes ähnlichsten Darstellungen, die fotografischen Abbildungen, ausschließlich für die Wiedergabe in einer Zeitschrift oder einem Fachbuch hergestellt worden. Von dem begleitenden Text erwartet man aber, daß er sachdienlich alles bezeichnet, was den Leser interessiert. Das geschriebene Wort erscheint uns am eindringlichsten als ein in die Struktur der Sprache übertragener Aspekt des Objekts, während wir den Abbildungen unwillkürlich wegen ihrer Ähnlichkeit zum realen Element mehr Wirklichkeit und Wahrheitstreue zutrauen. Das Gegenteil ist der Fall. Das dem Betrachter unbekannte Projekt hinterläßt, wenn es über die Fotografie oder die Zeichnung veranschaulicht wird, eine Vorstellung, die nur äußerst selten dem persönlichen Eindruck vor Ort entspricht. Dieser Umstand fällt immer dann besonders ins Auge, wenn man durch eine interessante Darstellung angeregt wird, das Objekt selbst aufzusuchen. Die beiden Bilder passen nicht zusammen. Man revidiert unbewußt sofort die alte Vorstellung und merkt sich nur noch den »wirklichen« Eindruck. Hiermit verbunden ist auch die Korrektur der ursprünglichen Stellungnahme. Der Grund für dieses Mißverständnis liegt zunächst in der anders gerichteten Zielsetzung der auch als Gestaltungen wiedergegebenen Fotos und Zeichnungen. Die beiden Darstellungsformen, insbesondere aber die Fotografie, folgen eigenen ästhetischen Gesetzen. Sie begnügen sich nicht mit einer sachgerechten Abbildung, die jeder wie eine Sprache erlernt und verstehen kann, sie versuchen vielmehr das bezeichnete Objekt zu interpretieren. Oft muß es sogar nur noch als Motiv herhalten und es werden nur jene Ansichten gezeigt, die als Bildidee taugen.

Dem Betrachter geht es aber nicht in erster Linie um eine wie auch immer geartete Beurteilung eines Objektes, sondern um eine möglichst verständliche Beschreibung, die ihn an alle gestalterischen Probleme heranführt und ihm dennoch ausreichend Spielraum für die eigene Stellungnahme läßt.

Eine derart aufbereitete Darstellungsweise, die eine wünschenswerte Auseinandersetzung mit dem realen Objekt durch das Studieren von Informationen ersetzt, wird in ihrer Darbietungsfolge die Ortsbesichtigung nachzuzeichnen versuchen.

So muß zunächst einmal der Versuch aufgegeben werden, das darzustellende Element in einem einzigen Bild zu erfassen. Der Wahrnehmungsprozeß, die langsame Annäherung, der Vergleich und die Konzentration auf bestimmte Detailpunkte kann nur nacheinander durch eine Bildfolge geleistet werden. Es entspricht auch viel mehr dem Gestaltfindungsprozeß, wenn man sich bei der Suche nach Anregungen nicht schon frühzeitig auf wenige abgeschlossene Gedankenführungen festlegt, sondern möglichst viele, unterschiedliche Ansatzpunkte streift. Hierbei hilft uns die nach allen Seiten offene, skizzenhafte Form der Darstellung. Sie ist auch den eignen, ersten Gedankenstrichen am nächsten und zwingt uns, das Element nicht ausschließlich als ein an einen bestimmten Ort gebundenes Ganzes zu betrachten, das sich so nicht übertragen läßt. Je differenzierter eine Abbildung auf die unterschiedlichsten gestalterischen Teilaspekte eingehen kann, umso mehr Ansatzpunkte bieten sich, Detailinformationen auf neue Aufgaben zu übertragen. Wichtig ist auch, daß dem Betrachter die Darstellungsmethode in allen Punkten vertraut ist. Sie muß die verschiedenen Beispiele so veranschaulichen, daß sie sich leicht miteinander vergleichen lassen. Über diesen Vergleich werden weitere Anregungen frei. Die Darstellungsmethode ist außerdem dazu geeignet, die persönliche Auseinandersetzung mit dem Objekt vor Ort zu intensivieren.

Die auf den nachfolgenden Seiten gewählte Darstellungstechnik der »Arbeitsblätter« versucht die Besichtigung der Objekte nachzuzeichnen und erfaßt alle für den Gestalter wichtigen Eindrücke in einer offenen »Formensprache«. Die fotografischen Aufnahmen dieses Informationssystems entsprechen im wesentlichen dem Muster unserer natürlichen Wahrnehmung. In Format und Größe, Auswahl, Standort und Reihenfolge stellen die Bilder ein Modell dar für das Wahrnehmungsverhalten bei einem kreativen Gestaltfindungsprozeß. Die Brennweite und der Aufnahmestandort sind dem Verhalten, der Haltung und der Wahrnehmung des Benutzers der Objekte angenähert. Der Informationsgehalt der dreisprachigen Arbeitsblätter ist in erster Linie auf den Planer und Gestalter von Objekten öffentlicher Bereiche abgestimmt.

Working Papers: Walls and Ways

In the planning process, the search for the appropriate form plays a central role. Here, the necessary inventiveness and a high level of creativity are helped by the personal experiences of the designer. These are primarily visual experiences and the result of critical perception. Important components or the determining characteristics of subsequent impressions of the form of a new object to be planned and executed have already been perceived in one form or another. The designer's capacities enable him to extract partial solutions from usual forms (they can also have the form of social manners), to transfer them analogously to new tasks and a new shape.

As a rule this remains an unconscious process. One already knows from personal experience, however, that an intensive and critical analysis of a real object allows to perceive even more consciously essential charakteristics for a longer space of time. If the object which provokes our attention is also preserved in a definite form, as a drawing for example, then not only do we familiarise ourselves with it more thoroughly, by transfering it into a pictorical language, but important details recur when in seeking a solution we are reminded of this record.

Experienced planners make use of these processes at all times. They train their perception by constantly probing their immediate environment for fresh stimulus for their future work. They have also developed their own methods of noting, transfering and registring important experiences. Most commonly study trips serve the exclusive purpose of collecting impulses and the drawing book helps to record these discoveries, views and insights.

Due to the rapid changing and increasing complexity of design tasks there is inadequate time to obtain new stimulus from comparably built design solutions each time. One relies more and more on the references to already realized projects, offered by different media. The media present us with impressions; the object is represented and now imparted in another visible form, as information. Very rarely have the presentations, most similar to the realistic appearance of the object, i.e. photographs, been exclusively reproduced for use in magazines or specialized books.

It is expected from the accompanying text that it describes everything relevant to the reader's interests. The written word seems to be the aspect of the object most emphatically transmitted into the structure of the language; whereas we involuntarily invest photographs with more truth and fidelity because of their resemblance to the element. The opposite is the case. The project, unknown to the onlooker when situation is mediated by a photograph or drawing leaves an impression which extremely rarely corresponds to his personal experience in loco. This is most striking when, stimulated by an interesting presentation, one searches out the object. The two pictures do not fit. One unconsciously revises the old conception and retains only the »real« impression, thereby correcting one's original attitude. The reason for this misunderstanding is first of all the differently directed objectives of the photographs and drawings also used for the purposes of design.

The two forms of presentation, especially photography, follow their own aesthetic laws. They do not content themselves with an appropriate presentation which everyone learns and knows like a language they try rather to interpret the object. It often serves only as a motive and solely those views are shown which are of conceptual use for a picture. But basically, the onlooker is not concerned with an evaluation of the object of any kind whatever, but a comprehensible description which addresses all the design problems and which gives him sufficient room for his own response.

Such a mode of presentation which compensates for the desirable confrontation with the real object by the study of information will try to recreate the local inspection by its sequence of presentation.

For this reason, the attempt to seize the element to be represented in one single picture has to be abandoned. The process of perception, the slow approach, the comparison of and the concentration on definite details can only be conducted by a sequence of pictures. It is also more conducive to the process leading to the discovery of a design, not to commit oneself early to a few closed trains of thought when looking for stimulus, but to touch on as many different starting points as possible. Here the sketchy open form of presentation helps us. It is also very close to the initial personal ideas and forces us to consider the element not as an exclusively whole bound to one definite position which does not allow of transference in such a way.

The more differentiatedly presentation can comply with different design sections the more starting points present themselves to transfer the detailed information to new tasks. It is also important that the onlooker be familiar with method of presentation in every respect. It has to illustrate the different examples in such a way that they can easily be compared with one another. Through this comparison new impulses are released. This method of presentation is also appropriate for the intensification of the personal encounter in loco. The technique of presentation used in those working sheets on the following pages tries to recreate the visit to the objects. It includes all the impressions essential for the designer by an open »language of forms«. The photos of this information system correspond basically to the pattern of our natural perception.

In format and size, selection, site and sequence the pictures represent a model for perceptional behaviour in the creative planning process. The focal length and the position of shot approximates the visitor's behaviour, attitude and perception. The information content of the trilingual sheets is above all set in line with the goals of the planner and designer of public areas.

Notes of the Working Papers: ▷
Erläuterungen der Arbeitsblätter: ▷

1

Bodenbelag	Floor covering	Pavé
Übergangsbereich	Transition area	Zone de transition
Fußgängerzone	Pedestrian area	Zone p.l. piétons
ORT: Aachen, Burtscheid, D.		
KONZEPTION: Stadt Aachen		
DESIGN: Hans Kaldenbach		
DETAIL A		
Basaltlava	Basalt	Basalte
RAL 7015 Schiefergrau	Slate gray	Gris ardoise
Rauh	Rough	Rugueux
Gesägt	Sawed	Scié
DETAIL B		
Granit	Granite	Granit
Grauwacke	Graywacke	Gres des houillères
RAL 7034 Gelbgrau	Yellow gray	Gris jaune
RAL 1020 Olivgelb	Oliv yellow	Jaune olive
RAL 1011 Braunbeige	Brown beige	Beige brun
Rauh	Rough	Rugueux
Behauen	Cuted	Taillé
1 Übersicht	General view	Vue d'ensemble
2 Objekt	Subject	Objet
3 Ansicht	Full view	Vue
4 Besondere Stellen	Special positions	Positions spéciales
5 Varianten	Variations	Variantes

Basaltplatten bestimmen den Rahmen des steilen Weges. Sie stellen im Rhythmus der Schritte und in den Maßen des Kopfsteinpflasters auch die notwendigen Querverbindungen her zu den Rändern. Die einzelnen rechteckigen Platten wechseln dabei ihre Richtung und verschieben sich um ein oder zwei Steinreihen. So wird auch dem Auge, das beim Anstieg der Wirkung des Belages ausgesetzt ist, ein Zeichen für das Steigen vermittelt.

Basalt slabs determine the frame of the steep way. They establish through the rhythm of the steps and the dimensions of the cobblestone pavements the necessary cross connection to the edges. In so doing the single rectangular slabs change direction and are displaced by one or two rows of stone. Thus, the ascending eye which is arrested by the effect of the covering is given a signal for the ascent.

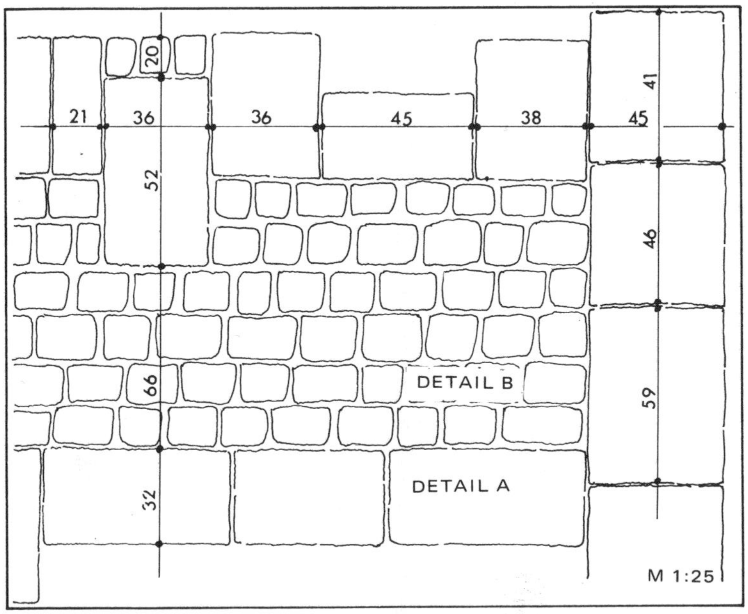

2

3

4

5

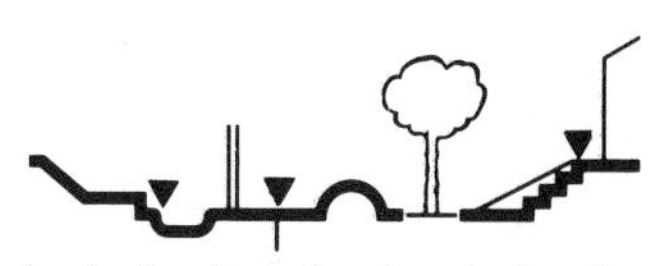

Notes of the Working Papers:

Survey

The large photo at the upper edge (oblong format) represents the element as part of a larger context, of a definite area to which it belongs and which in a design sense, it essentially determines. For the first time the object can be perceived from this distance of shot. It is photographed from the user's perspective and not primarily from the photographic-aesthetic view-point.

Object

In the middle of the sheet solely the exact representation of the object is given (square format). The photo will try to incorporate all the details important for the designer. As a rule, the drawing beside it at the same level shows a section of this presentation.

Variations

Similar motives of design are sometimes shown in the same format (size) as the presentation of the objects. They are photographed from another range in order to provide information about the effect of an object seen from different distances.

Particular Spots

The best way to evaluate an object is to consider the formal solutions of its specific parts, its critical points, changes, edges, the centre or shifts coverings, ornaments, vertex lines or climaxes. Two of them are here photographically represented (oblong or upright format in the centre of the lower sequence of photos).

View

The designation of the photos at the lower edge of the working notes should be understood literally. It represents the personal perspective of the person who has taken this shot. It is a photographic interpretation which tries also to show the element during use or at typical times.

Drawing

All the information about the shape of the object which the photograph can render only insufficiently are revealed by a simple drawing. It provides above all an illustration of the proportions and the explanation of important details imperceptible in the photos. A maximum of three different details are described in constant scales (1:5, 1:10, 1:25).

Text Presentation

The written description of the component proceeds accordingly to the same consistent pattern, thus rendered conducive to comparison. The trilingual text contains all further necessary information which are best grasped in linguistic form. These are from top to bottom: Characterization of the »object« itself, designation of the »area« to which it belongs and the encompassing »zone« which is formed by a number of areas (e.g. a »wall« in a »seating area« which is a component of a »pedestrian area«).

Then follows a description of the »locality« where the element is situated (name of the town, street, building and the country. The country is indicated by the international abbreviations used on automobiles).

By *»conception«* is meant the person responsible for the entire planning, by *»design«* the planner of the object.

(When taking photos in loco information on the designer was only seldom known and had mostly be omitted.)

Under the maximal three *Details A-C* special details, indicated as such in the drawing are more fully described according to *material, colour, kind of surface area* and *production* or *processing*. The colours given are accordingly to RAL 840, HrÜ 3. A small part of the here shown design elements have already been published as working notes contained in the magazine *»Garten + Landschaft«, Callwey Verlag*. They belong, like the newer examples in this book, to extensive archives of design elements for public areas.

The outward appearance of the single work sheets has been expanded for this publication. Thus, in an additional margin the symbols for walls and ways are listed. All *shapes encountered* (dark beams) and the *specific parts* (small bolts) are herein respectively noted.

To the same important examples a second page was added which allows the clarification of further views with the aid of enlarged photographs.

At the margin a *short explanatory text* attempts to expose moods and backgrounds and offers personal insights and verbal approximations to the object which can only with difficulty be deciphered from the factual description as associated information.

Erläuterungen der Arbeitsblätter:

Übersicht

Das große Foto am oberen Rand (Querformat) stellt das Element als Teilstück eines größeren Zusammenhangs dar, eines bestimmten Bereichs, zu dem es gehört und den es gestalterisch wesentlich mitbestimmt. Das Objekt kann aus der Aufnahmeentfernung zum ersten Mal bewußt wahrgenommen werden. Es ist aus der Perspektive der Benutzer fotografiert und nicht nach primär fotografisch-ästhetischen Gesichtspunkten aufgenommen.

Objekt

In der Mitte des Blattes wird die genaue Abbildung des Objektes allein präsentiert (quadratisches Format). Über die fotografische Aufnahme wird jetzt versucht, alle gestalterisch bedeutsamen Detailpunkte zu erfassen. In der Regel bezeichnet die Zeichnung auf gleicher Höhe daneben einen Ausschnitt aus dieser Darstellung.

Varianten

Im gleichen Format wie die Objektdarstellung werden eventuell auftretende ähnliche Motive der Gestaltung gezeigt. Ihre Darstellung erfolgt außerdem aus einer anderen Entfernung, um auf diese Weise auch Aufschlüsse über die Wirkung des Objektes aus unterschiedlicher Distanz aufzuzeigen.

Besondere Stellen

Der Wert eines Objektes läßt sich am ehesten über die formale Lösung seiner besonderen Stellen erschließen, so z.B. über kritische Punkte oder Übergänge, Ränder, die Mitte oder über Vorsprünge, Abdeckungen, Ornamente, Scheitellinien oder Fußpunkte. Zwei von ihnen werden hier fotografisch abgebildet. (Querformate oder Hochformat in der Mitte der unteren Bildreihe.)

Ansicht

Diese Bezeichnung der fotografischen Aufnahme am linken unteren Rand des Arbeitsblattes soll wörtlich genommen werden. Sie stellt die persönliche Ansicht dessen dar, der diese Aufnahme des Objektes gemacht hat, eine fotografische Interpretation, die auch versucht, das Element in Gebrauch zu zeigen oder zu typischen Zeiten.

Zeichnung

Alle über die fotografische Aufnahme nur unzulänglich reproduzierbaren Informationen über die Gestalt des Objektes werden in einer einfachen Zeichnung wiedergegeben. Das sind vor allem die Erfassung der Proportionen und die Erläuterung von wichtigen, schlecht einsehbaren Einzelheiten. Näher bezeichnet werden dabei maximal drei verschiedene Details in gleichbleibenden, vergleichbaren Maßstäben (1:5, 1:10, 1:20, 1:25).

Textdarstellung

Auch die schriftliche Beschreibung des Elements geschieht nach einem gleichbleibenden und damit den Vergleich fördernden Muster. Der dreisprachige Text enthält alle weiteren notwendigen Informationen, die sich am besten sprachlich festhalten lassen.

Dies sind in der Reihenfolge von oben nach unten: Bezeichnung des *»Objekts«* selbst, Benennung des *»Bereichs«*, dem es angehört und der übergeordneten *»Zone«*, die wiederum durch eine bestimmte Auswahl von Bereichen gebildet wird (z.B. eine »Mauer« in einem »Sitzbereich«, der Bestandteil einer »Fußgängerzone« ist).
Hiernach folgen Angaben über den *»Ort«*, an dem sich das Element befindet (Name der Stadt, der Straße, des Gebäudes und des Landes. Dieser ist durch Autokennzeichen abgekürzt).

Unter *»Konzeption«* wird genannt, wer für die gesamte Planung verantwortlich zeichnet, unter *»Design«* wird der Planer des Objektes vorgestellt.

(Bei der Aufnahme vor Ort waren die Angaben zur Person der Gestalter nur sehr selten zu erfahren und mußten daher in der Regel entfallen.)

Die maximal drei *Details* (A, B, C) aus der Zeichnung werden an dieser Stelle näher beschrieben mit Angaben über das *Material*, die *Farbe* (Bestimmung über die Farbpalette RAL 840 HRÜ 3), die *Oberflächenbeschaffenheit* und die *Herstellungsart*.

Ein kleiner Teil der hier abgebildeten Gestaltungsbeispiele von Mauern und Wegen erschien bereits als Arbeitsblatt in der Anlage zur Zeitschrift *Garten + Landschaft, Callwey Verlag*. Sie gehören wie die neueren Beispiele dieses Buches zu einem umfangreichen Archiv von Gestaltungselementen öffentlicher Bereiche.

Das Erscheinungsbild der einzelnen Arbeitsblätter ist für diese Veröffentlichung erweitert worden. So sind einmal auf einer zusätzlichen Randspalte die symbolhaften Darstellungen von Mauern und Wegen aufgenommen. In ihnen werden jeweils alle auftretenden *Erscheinungsformen* (dunkler Balken) und alle *besonderen Stellen* (kleine Pfeile) vermerkt.
Bei einigen wichtigen Beispielen wurde eine zweite Bildseite hinzugefügt, die es erlaubt, zusätzliche Gesichtspunkte auch über großformatigere fotografische Abbildungen zu verdeutlichen.

Ein kurzer, *erläuternder Text am Rande* versucht Stimmungen und Hintergründe aufzudecken und gewährt persönliche Einblicke und sprachliche Annäherungen an die Objekte, die sich aus der sachlichen Beschreibung als verbindliche Mitteilung nur schwer herauslesen lassen.

Ways

Wege

Old path in the valley of Verzasca (Ticino). To overcome the height of the path all sorts of ways are summoned up: flat route, ramps and stairs, accompanied by walls, screens, slopes and steep stones by the wayside.

Rampe-Treppe-Mauer	Ramp-Stair-Wall	Rampe-Escalier-Mur
Durchgangsbereich	passage area	Zone de passage
Grünzone	Green area	Zone verte

ORT: Verzascatal, Lavertezzo, Tessin, I.,

DETAIL A		
Granit	Granite	Granit
RAL 7030 Steingrau	Stone gray	Gris pierre
Rauh	Rough	Rugueux
Behauen	Cuted	Taillé

1 Übersicht	General view	Vue d'ensemble
2 Objekt	Subject	Objet
3 Ansicht	Full view	Vue
4 Besondere Stellen	Special positions	Positions spéciales
5 Varianten	Variations	Variantes

Alter Pfad im Verzascatal (Tessin). Zur Überwindung der Höhe werden alle Wegformen aufgeboten: Ebene Strecke, Rampe und Treppe, begleitet durch Mauer, Wand, Böschung und steile Steine am Rand.

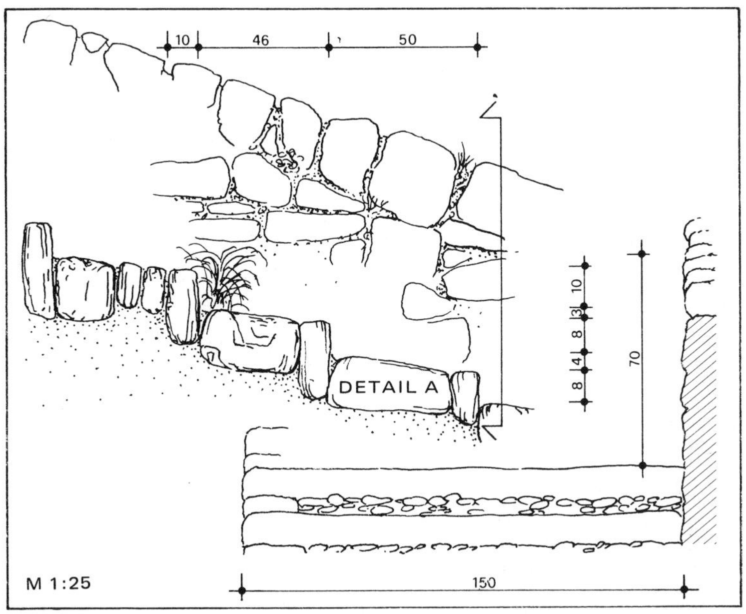

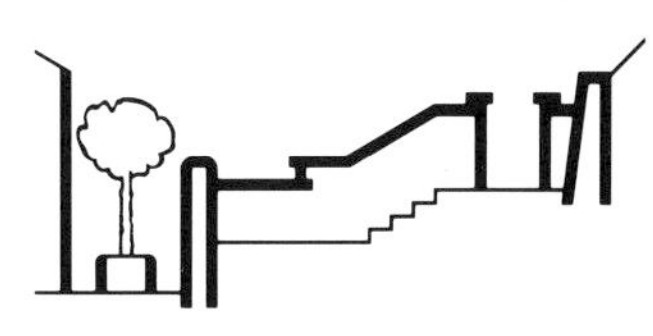

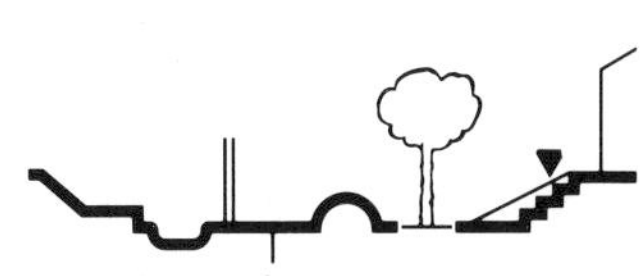

Ziegel und Kleinpflaster sind miteinander innig verbunden zum begehbaren, farbigen Band durch die grünen Rasenflächen des Kurparks. Anfang und Ende, Rand und Kreuzungspunkt sind deutlich herausgehoben. Man weiß im Gehen stets, wo man sich befindet.

Bricks and small paving-stones are closely tied together to a coloured walking-string leading through the green sods of the park of a spa. Beginning and end, edges and crossing-points are clearly pointed out. By walking one always knows on which point one is found.

Bodenbelag	Floor covering	Pavé
Übergangsbereich	Transition area	Zone de transition
Grünzone	Green area	Zone verte
ORT: Aachen-Burtscheid, Dammstraße, D		
KONZEPTION: Stadt Aachen		
DESIGN: Hans Kaldenbach		
DETAIL A		
Ziegel	Brick	Brique
RAL 8004 Kupferbraun	Copper brown	Brun cuivré
Rauh	Rough	Rugueux
Gebrannt	Baked	Cuite
DETAIL B		
Ulmer Weiß		
RAL 9001 Cremeweiß	Cream	Blanc crème
Glatt	Polished	Lissé
Behauen	Cuted	Taillé
DETAIL C		
Granit	Granite	Granit
RAL 7031 Blaugrau	Blue gray	Gris bleu
Rauh	Rough	Rugueux
Behauen	Cuted	Taillé
1 Übersicht	General view	Vue d'ensemble
2 Objekt	Subject	Objet
3 Ansicht	Full view	Vue
4 Besondere Stellen	Special positions	Positions spéciales
5 Varianten	Variations	Variantes

1

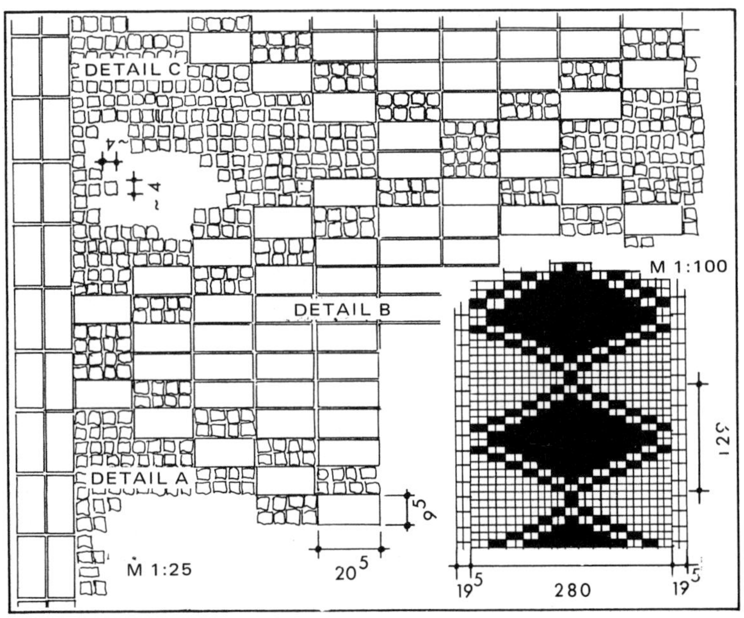

2

3

4

5

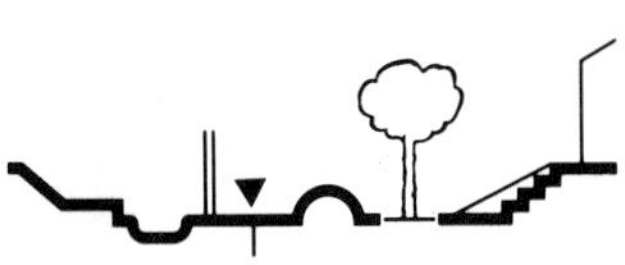

1

Bodenbelag	Floor covering	Pavé
Übergangsbereich	Transition area	Zone de transition
Grünzone	Green area	Zone verte
ORT: Aachen-Burtscheid, Dammstraße, D		
KONZEPTION: Stadt Aachen		
DESIGN: Hans Kaldenbach		
DETAIL A		
Ziegel	Brick	Brique
RAL 8004 Kupferbraun	Copper brown	Brun cuivré
Rauh	Rough	Rugueux
Gebrannt	Baked	Cuite
DETAIL B		
Ulmer Weiß		
RAL 9001 Cremeweiß	Cream	Blanc crème
Glatt	Polished	Lissé
Behauen	Cuted	Taillé
DETAIL C		
Granit	Granite	Granit
RAL 7031 Blaugrau	Blue gray	Gris bleu
Rauh	Rough	Rugueux
Behauen	Cuted	Taillé
1 Übersicht	General view	Vue d'ensemble
2 Objekt	Subject	Objet
3 Ansicht	Full view	Vue
4 Besondere Stellen	Special positions	Positions spéciales
5 Varianten	Variations	Variantes

Ziegel und Pflaster auch im kurzen Abzweig vom langen Weg (Seite 24). Verhalten jetzt und abwartend, Vorbereitung auf ein Ende in der Wand und einen Anfang in der Treppe.

Bricks and paving-stones also being used for the short branch of the long way (page 24). This means retaining, now, and waiting, preparing for an end in the wall and a beginning in the steps.

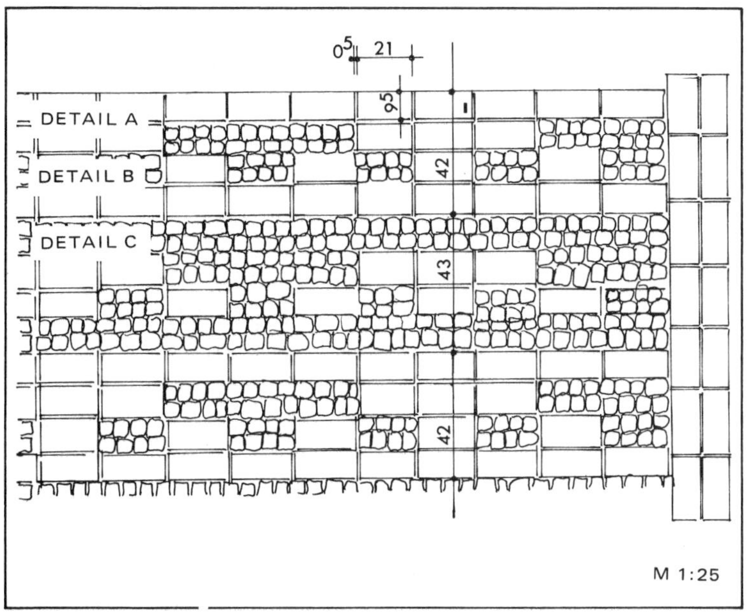

2

3

4

5

Ziegel und Granit in der Fläche. Wenn das Gelände steigt, wenn es fällt, erscheint der Sandstein. Treppe und Wand sind aus Ruhrhartsandstein, ein Material, das mithält in der Farbe und in all den Jahren.

Bricks and granite at the surface. When the country ascends or falls the sandstone appears. Steps and wall are made of hardsandstone, this is a material which withstands the colour and the years.

1

Treppe	Stair	Escalier
Übergangsbereich	Transition area	Zone de transition
Grünzone	Green area	Zone verte

ORT: Aachen-Eilendorf, D.
KONZEPTION: Stadt Aachen-Eilendorf

DESIGN: Hans Kaldenbach, Aachen

DETAIL A		
Ruhrhartsandsteine	Sandstone	Grès
RAL 1001 Beige	Beige	Beige
Rauh	Rough	Rugueux
Gesägt	Sawn	Scié
DETAIL B		
Ziegel	Brick	Brique
RAL 3012 Beigerot	Beige red	Rouge beige
Rauh	Rough	Rugueux
Gebrannt	Baked	Cuite
DETAIL C		
Granit	Granite	Granit
RAL 7031 Blaugrau	Blue gray	Gris bleu
Rauh	Rough	Rugueux
Geschlagen	Processed	Frappé

1 Übersicht	General view	Vue d'ensemble
2 Objekt	Subject	Objet
3 Ansicht	Full view	Vue
4 Besondere Stellen	Special positions	Positions spéciales
5 Varianten	Variations	Variantes

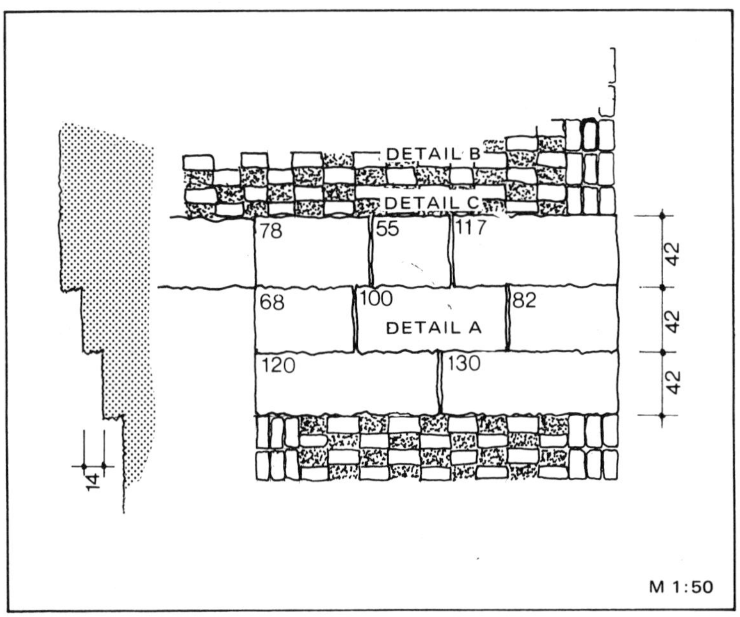

2

3

4

5

1

Treppe	Stair	Escalier
Eingangsbereich	Entrance area	Zone d'entrée
Kulturzone	Cultural area	Zone de culture
ORT: Paderborn, Dom, D.		
KONZEPTION/DESIGN: Büro Böhm		
DETAIL A		
Sandsteine	Sandstone	Grès dur
RAL 3014 Altrosa	Antique pink	Vieux rose
Scharriert	Charred	Dressé au ciseau
Gesägt	Sawed	Scié
DETAIL B		
Kalksandstein	Sand lime brick	Grès argilo-calcaire
RAL 7034 Gelbgrau	Yellow gray	Gris jaune
Rauh	Rough	Rugueux
Behauen	Cuted	Taillé
1 Übersicht	General view	Vue d'ensemble
2 Objekt	Subject	Objet
3 Ansicht	Full view	Vue
4 Besondere Stellen	Special positions	Positions spéciales
5 Varianten	Variations	Variantes

Wenn man steigt, geschlagene Zeichen im Stein für das Auge, weiche Kanten für den Fuß und leichte Führung der Hand durch das runde Eisen. Nur einmal, wenn die Treppe durch die Mauer tritt, berührt man den rauhen Stein der umgebenden Flächen.

By ascending, you have for the eye signs carved in the stone, for the feet soft edges, and an easy guiding of the hand, managed by the round-formed iron. Only once, when the steps enter into the wall the rough stone of the surrounding surface will be touched.

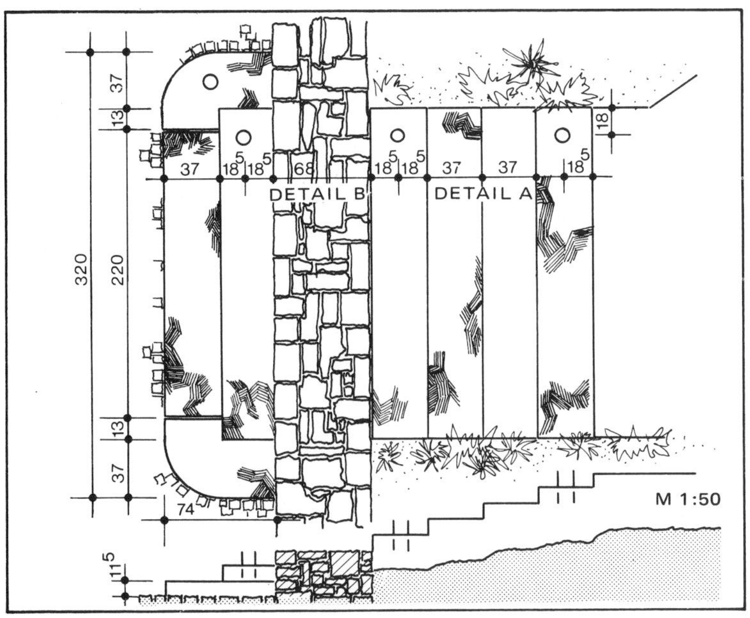

2

3

4

5

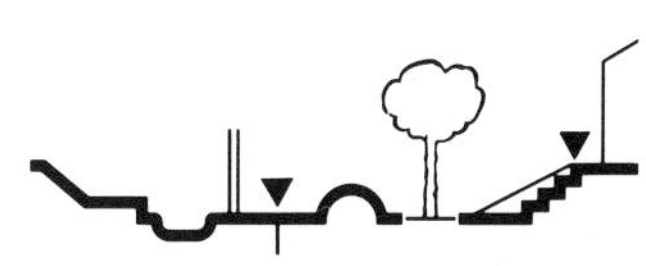

Nicht einsehbar, was sich hinter den Mauern verbirgt. Das Auge, nicht an die Nähe der Steine gewöhnt, springt aus seiner Höhe von der oberen Kante der Mauer direkt in die Falten des Domes und wieder zurück. Ruht sich schließlich zwischen den Fugen und Farben aus, die den Raum bestimmen, den man begreifen kann.

It is not visible what the wall hides. The eye not being accustomed to the nearness of the stones jumps from its level, from the upper edge of the wall directly into the folds of the cathedral and back again. At least it rests between the interstices and colours which determine the room one can grasp.

1

Mauer	Wall	Mur
Eingangsbereich	Entrance area	Zone d'entrée
Verwaltungszone	Administr. area	Zone d'administration

ÓRT: Paderborn, Generalvikariat, D
KONZEPTION/DESIGN: Büro Böhm

DETAIL A		
Kalksandstein	Sand lime brick	Grès argilo-calcaire
RAL 7034 Gelbgrau	Yellow gray	Gris jaune
RAL 3009 Oxydrot	Oxide red	Rouge Oxyde
Rauh	Rough	Rugueux
Behauen	Cuted	Taillé

1 Ubersicht	General view	Vue d'ensemble
2 Objekt	Subject	Objet
3 Ansicht	Full view	Vue
4 Besondere Stellen	Special positions	Positions spéciales
5 Varianten	Variations	Variantes

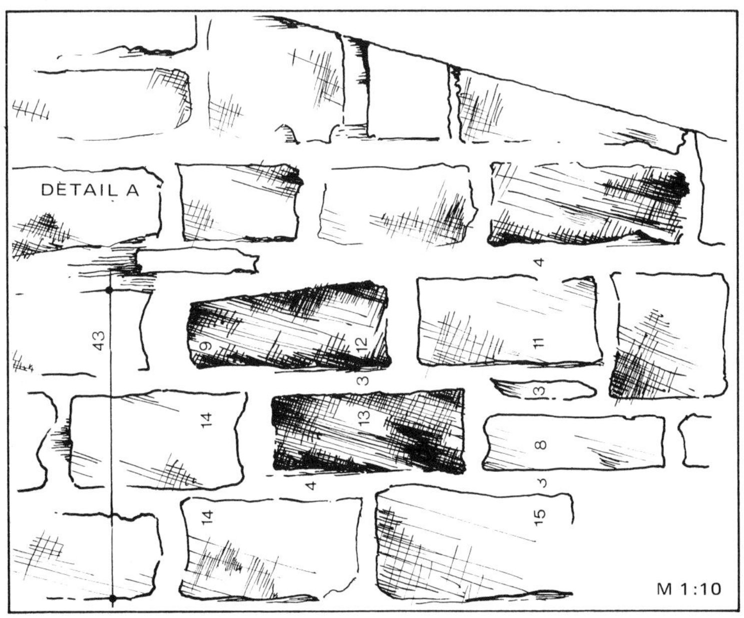

2

4

3

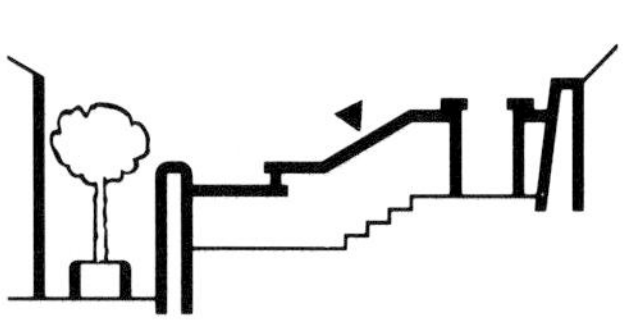

1

Treppe	Stair	Escalier
Eingangsbereich	Entrance area	Zone d'entrée
Verwaltungszone	Administr. area	Zone d'administration
ORT: Paderborn, Generalvikariat, D		
DESIGN: Büro Böhm		
DETAIL A		
Sandsteine	Sandstone	Grès dur
RAL 3009 Oxydrot	Oxide red	Rouge oxyde
Rauh	Rough	Rugueux
DETAIL B		
Kalksandstein	Sand lime brick	Grès argilo calcaire
RAL 7034 Gelbgrau	Yellow gray	Gris jaune
Rauh	Rough	Rugueux
Behauen	Cuted	Taillé
1 Übersicht	General view	Vue d'ensemble
2 Objekt	Subject	Objet
3 Ansicht	Full view	Vue
4 Besondere Stellen	Special positions	Positions spéciales
5 Varianten	Variations	Variantes

Fällt erst die Mauer, fällt jetzt der Weg. Erst stellt sich alles dar, jetzt schreite ich es langsam ab.

Firstly the wall falls, then the way falls. Firstly all things present themselves, now I slowly pace it off.

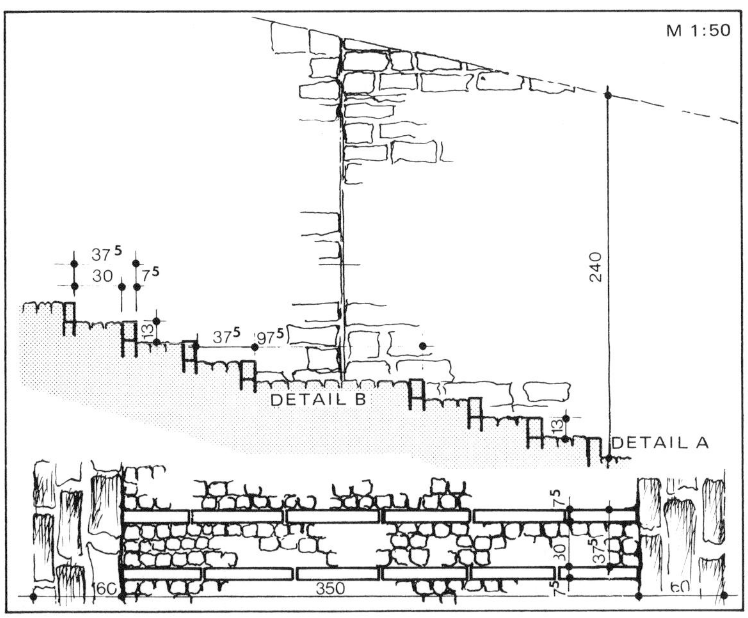

2

3

4

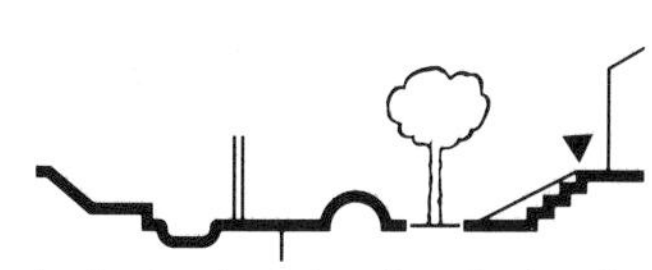

Gelände fällt, verliert sich, paßt sich an, verläßt die Ordnung des Schrittes. Dagegen werden sorgfältig verlegte Steine aufgeboten, niedrige Mauern, die Entscheidungen abnehmen können und Gehbewegungen vorzeichnen. In ihrem Schutz gedeiht das gegen Tritte empfindliche Blatt.

The country is falling, loses and conforms itself, leaves the order of the step. In the contrary to this, exactly laid stones are used, low walls which can deprive decisions and can mark walking-movements. The leaf sensitive to steps grows in their protection.

1

Mauer	Wall	Mur
Eingangsbereich	Entrance area	Zone d'entrée
Verkehrszone	Traffic area	Zone du trafic
ORT: Stuttgart, Bahnhof Schloß-Garten, D		
DETAIL A		
Travertin		
RAL 1013 Perlweiß	Oyster white	Blanc perlé
RAL 1015 Hellelfenbein	Light ivory	Ivoire clair
Rauh	Rough	Rugueux
Gesägt	Sawed	Scié
1 Übersicht	General view	Vue d'ensemble
2 Objekt	Subject	Objet
3 Ansicht	Full view	Vue
4 Besondere Stellen	Special positions	Positions spéciales
5 Varianten	Variations	Variantes

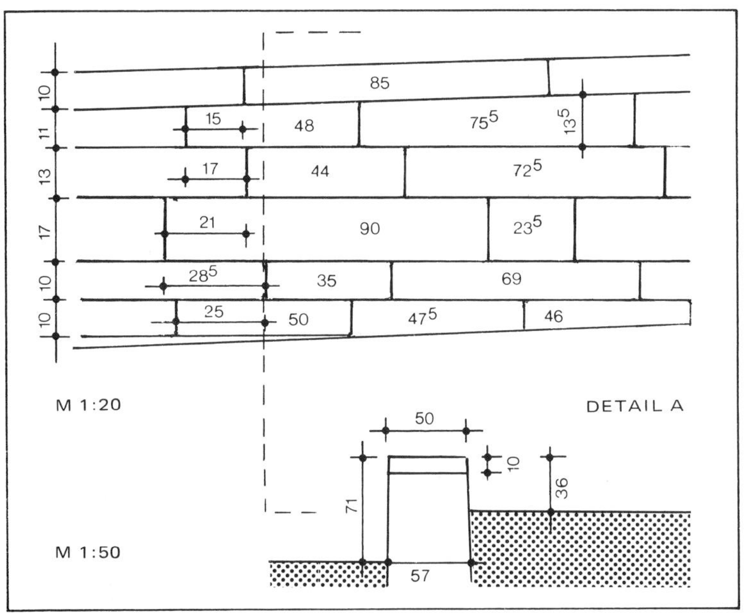

2

3

4

5

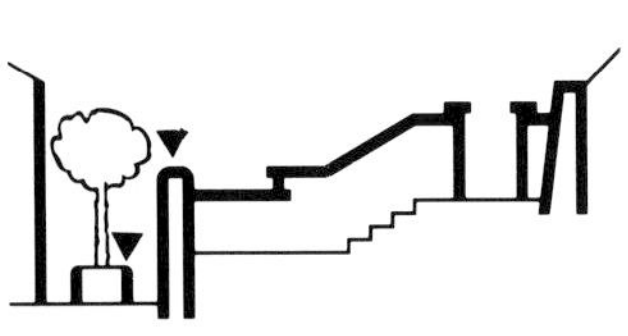

1

Bodenbelag	Floor covering	Pavé
Übergangsbereich	Transition area	Zone de transition
Wohnzone	Living area	Zone residentielle
ORT: Maastricht, NL.		
DETAIL A		
Ziegel	Brick	Brique
RAL 3003 Rubinrot	Ruby red	Rouge rubis
Rauh	Rough	Rugueux
Gebrannt	Baked	Cuite
DETAIL B		
Blaustein	Lime	Chaux
RAL 7031 Blaugrau	Blue gray	Gris bleu
Glatt	Polished	Lissé
Gesägt	Sawed	Scié
DETAIL C		
Grauwacke	Graywacke	Gres des houillères
RAL 7034 Gelbgrau	Yellow gray	Gris jaune
Glatt	Polished	Lissé
Behauen	Cuted	Taillé
1 Übersicht	General view	Vue d'ensemble
2 Objekt	Subject	Objet
3 Ansicht	Full view	Vue
4 Besondere Stellen	Special positions	Positions spéciales
5 Varianten	Variations	Variantes

Gestaltung vom Rand aus betrachtet, von den Kanten, die alle Belastung aufnehmen.
Abdeckung einer Ziegelwand und ihre Spitze, ebenso die empfindliche Kante an der Treppenstufe.
Wie Fingernägel, härter als Haut und doch ganz in die Hand eingebettet.

The design is observed from the border, from the edges which carry all the load. Covering of a brick wall and its top as well as the sensitive edge at the stair — like finger-nails stronger than skin but entirely embedded in the hand.

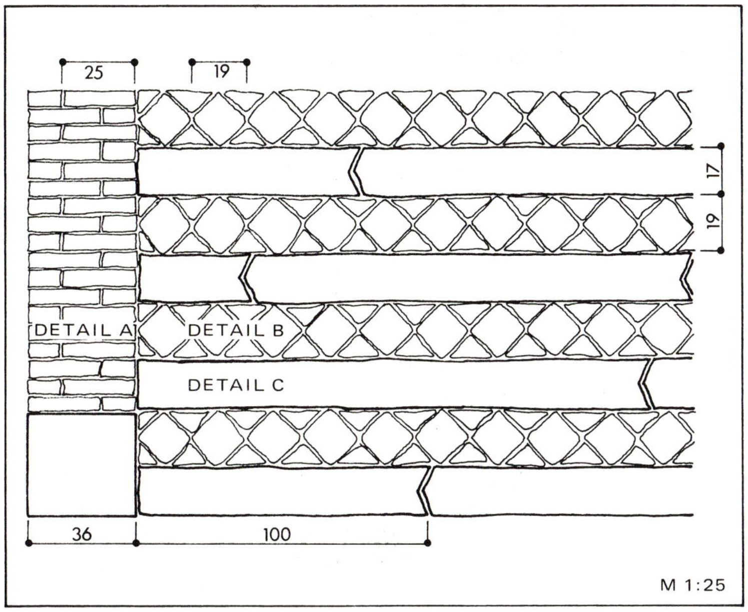

2

3

4

5

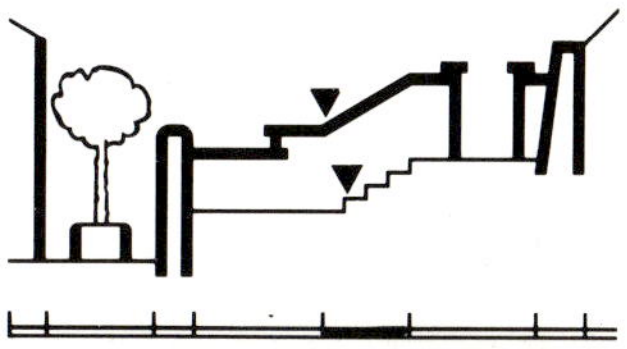

Mitten im Verkehr muß es immer wieder kleine Flächen geben, an denen im Gegensatz augenscheinlich Ruhe herrscht, an denen sich Menschen wiederfinden noch im Schatten der Hast. Gestaltung beherrscht die Stelle. Bäume, Wasser, ausgesuchte Steine bestimmen hier eine Mitte, um die sich alles dreht.

There have always to be small areas in the thick of the traffic, where in contrast to this, calmness reigns, where people could find themselves, still in the shadow of the rush. Design predominates the place. Here trees, water, selected stones determine the centre around where all things revolve.

1

Bodenbelag	Floor covering	Pavé
Sitzbereich	Seating area	Zone de siège
Straße	Street	Rue
ORT: Taormina, I		
DETAIL A		
Klinker	Clinker	Brique recuite
RAL 3022 Lachsrot	Salmon red	Rouge saumon
Rauh	Rough	Rugueux
DETAIL B		
Kiesel	Pebble	Caillu
RAL 7037 Staubgrau	Dusty gray	Gris poussière
Glatt	Polished	Lissé
DETAIL C		
Marmor	Marble	Marbre
RAL 7036 Platingrau	Platinum gray	Gris platine
Glatt	Polished	Lissé
1 Übersicht	General view	Vue d'ensemble
2 Objekt	Subject	Objet
3 Ansicht	Full view	Vue
4 Besondere Stellen	Special positions	Positions spéciales
5 Varianten	Variations	Variantes

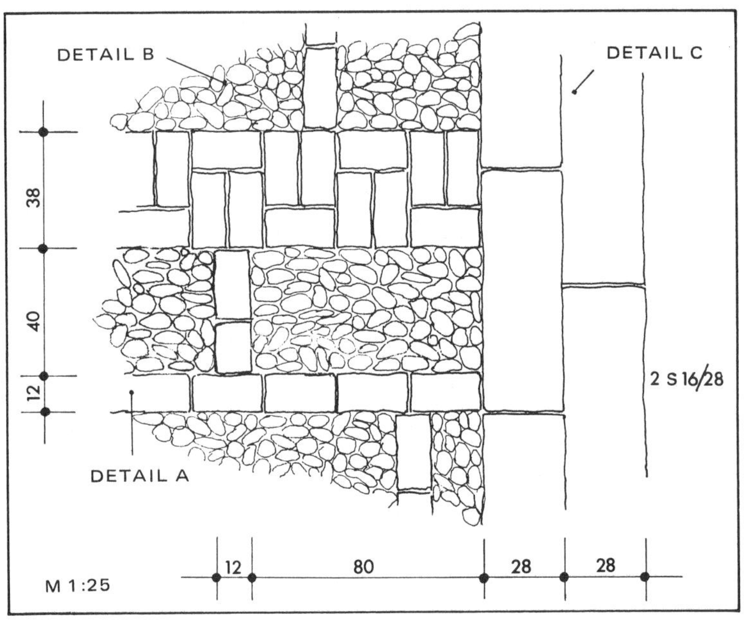

2

3

4

4

5

1

Bank	Bench	Banque
Eingangsbereich	Entrance area	Zone d'entrée
Fußgängerzone	Pedestrian area	Zone p. l. piétons
ORT: Dubrovnik, Pile, YU		
DETAIL A		
Kalk	Lime	Chaux
RAL 9001 Cremeweiß	Cream	Blanc crème
Rauh	Rough	Rugueux
Behauen	Cuted	Taillé
1 Übersicht	General view	Vue d'ensemble
2 Objekt	Subject	Objet
3 Ansicht	Full view	Vue
4 Besondere Stellen	Special positions	Positions spéciales
5 Varianten	Variations	Variantes

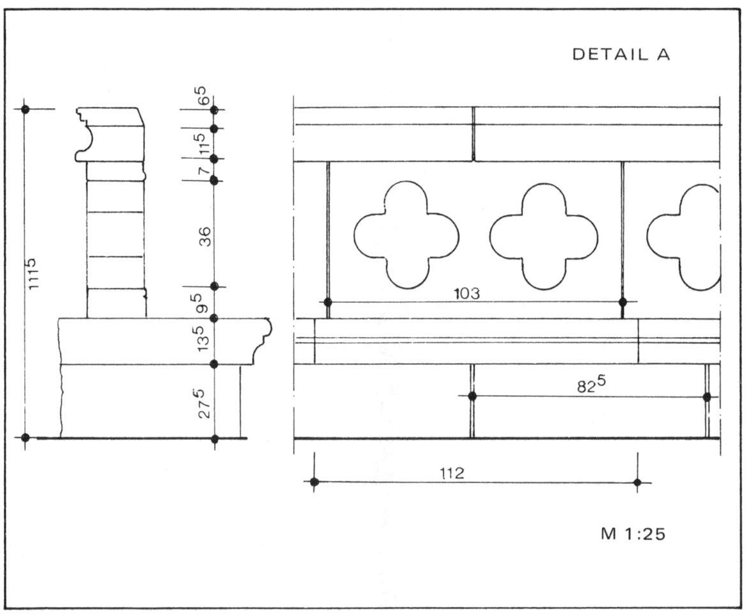

2

3

4

3

Führt ein Weg über ein Wasser, so begreift man sein Wesen deutlicher, den Dienst, den er uns verrichtet. Er ebnet das unwegsame Gelände.
An einer Brücke, der besonderen Stelle des Weges, erscheinen uns daher alle Elemente voller Bedeutung. Auch die schützende Brüstung am Rand. Obwohl nur Wegstück und kein Platz muß sie dennoch ein Verweilen aushalten und durch ihre Gestalt unserer Freude immer wieder Ausdruck verleihen.

When a path is leading above the water its nature and the service the path is rendering gets clearer. It plains the impassable country.
At a bridge — the particular point of a way — all elements appear to us of being of great importance, even the protective balustrade at the border. Although representing only a part of the way and no square it gives reason for a rest because of its shape, which let people give utterance to their joy.

Der Bug des Schiffes teilt das Wasser, die Spitze der trocken verlegten Steine teilen den Fußgängerstrom. Beides erfaßt ein Blick, paßt es zusammen. Dort Fässer und Masten, hier struppiges Grün als Ladung und Takelage. Dahinter alte Lagerhäuser, jetzt bewohnt. Ausblicke zählen.

The bow of the ship splits the water, the top of the dry-laid stones splits the flood of the pedestrians. Both will be grasped by one sight — it harmonizes. There — casks and masts, here — rough green as load and tackle. There behind — old ware-houses, now inhabited. Views are counting.

1

Mauer-Beet	Wall-Bed	Mur-Planche
Eingangsbereich	Entrance area	Zone de entrée
Fußgängerzone	Pedestrian area	Zone pour piétons
ORT: Kopenhagen, Havne Promenade, DK.,		
DETAIL A		
Granit	Granite	Granit
RAL 7037 Staubgrau	Dustygray	Gris poussière
Rauh	Rough	Rugueux
Gesägt	Sawed	Scié
1 Übersicht	General view	Vue d'ensemble
2 Objekt	Subject	Objet
3 Ansicht	Full view	Vue
4 Besondere Stellen	Special positions	Positions spéciales
5 Varianten	Variations	Variantes

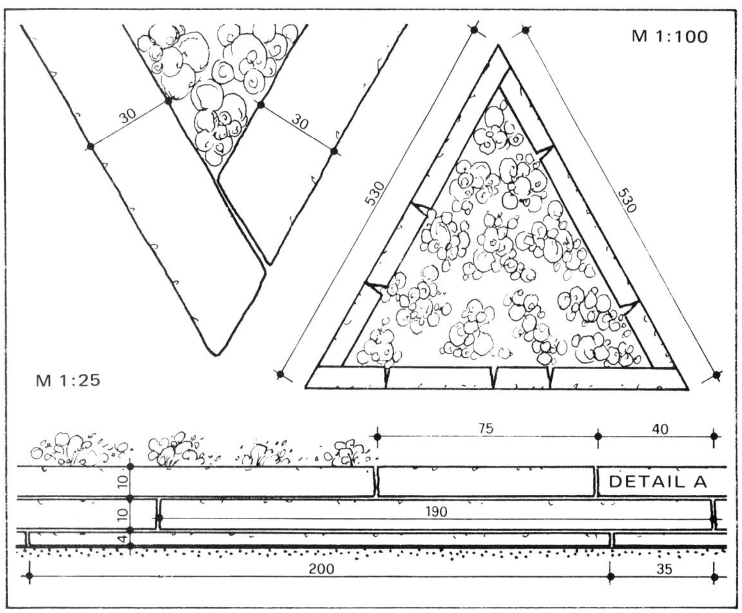

2

3

4

5

1

Bodenbelag	Floor covering	Pavé
Eingangsbereich	Entrance area	Zone d'entrée
Grünzone	Green area	Zone verte
ORT: Lokrum, Dubrovnik, YU		
DETAIL A		
Kiesel	Pebble	Caillou
RAL 1015 Hellelfenbein	Light ivory	Ivoire clair
Glatt	Polished	Lissé
DETAIL B		
Beton	Conrete	Béton
RAL 7030 Steingrau	Stone gray	Gris pierre
Glatt	Polished	Lissé
Gegossen	Casted	Moulé
DETAIL C		
Bruchstein	Quarry stone	Pierre de taille
RAL 1015 Hellelfenbein	Light ivory	Ivoire clair
Rauh	Rough	Rugueux
Behauen	Cuted	Taillé
1 Übersicht	General view	Vue d'ensemble
2 Objekt	Subject	Objet
3 Ansicht	Full view	Vue
4 Besondere Stellen	Special positions	Positions spéciales
5 Varianten	Variations	Variantes

Oft zählt der erste Blick. Besonders beim Betreten von Inseln wird das spürbar mit den ersten Schritten auf dem festen Boden. Wenn alle Sinne voller Erwartung gespannt sind, sollte man jedem von ihnen etwas bieten können. Selbst dem Fuß, der jetzt nach Halt sucht, läßt sich etwas von dem Charakter der Landschaft anvertrauen, kleine Hinweise, an die er sich später gern erinnert.

The first impression is often of great importance. This can in particulare be felt by setting foot on an island, by doing the first steps on the firm ground. When all senses are in a flutter of expectations it should be possible to offer something to each of them. Even the foot now looking for hold can be trusted with something of the character of the landscape, little hints which it will later on gladly remember.

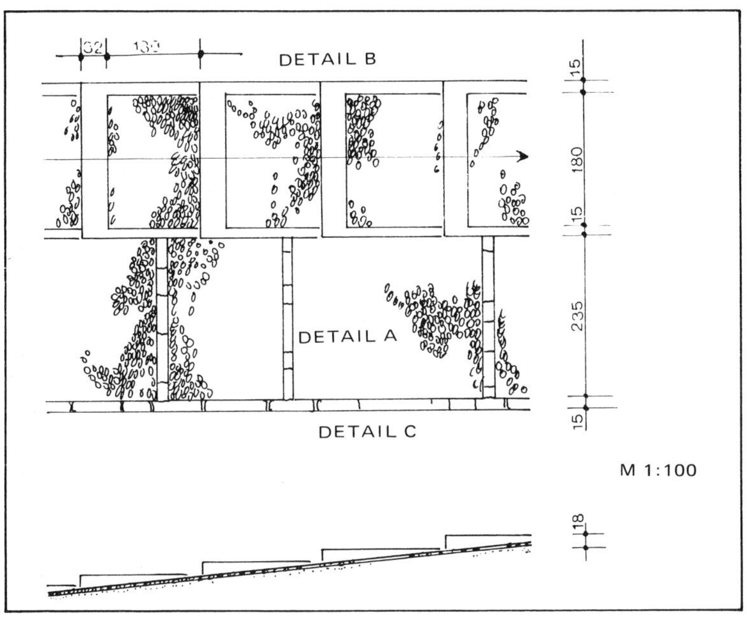

2

3

4

5

Nicht immer liegen die heißen Wege im Sonnenlicht. Zwischen den mühseligen Schritten in der Mittagshitze können sie durch die Sprache ihrer tiefen Fugen und schlanken Rinnen auch von anderen Zeiten berichten, von Wolken und kühlen Regengüssen.

The scorching ways are not always exposed to the sun. Between the tiresome steps in the midday heat they can also relate by the language of their deep interstices and slim grooves about other times, about clouds and cool heavy showers.

1

Bodenbelag Übergangsbereich Kulturzone	Floor covering Transition area Cultural area	Pavé Zone de transition Zone de culture
ORT: Delphi, GR		
DETAIL A Basalt RAL 7031 Blaugrau Rauh Behauen	 Basalt Blue gray Rough Cuted	 Basalte Gris bleu Rugueux Taillé
1 Übersicht 2 Objekt 3 Ansicht 4 Besondere Stellen 5 Varianten	General view Subject Full view Special positions Variations	Vue d'ensemble Objet Vue Positions spéciales Variantes

2

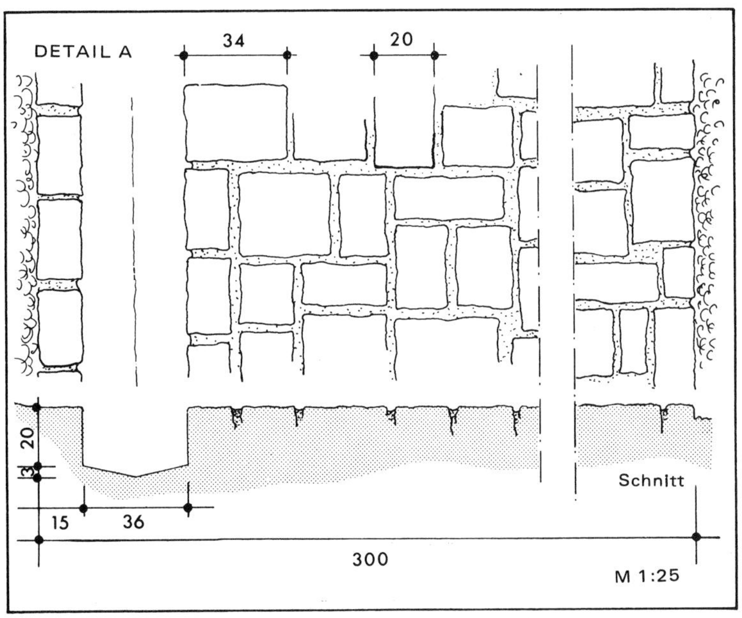

3

4

5

1

Rampe	Ramp	Rampe
Übergangsbereich	Transition area	Zone de transition
Kulturzone	Cultural area	Zone de culture
ORT: Delphi, GR		
DETAIL A		
Basalt	Basalt	Basalte
RAL 7031 Blaugrau	Blue gray	Gris bleu
Rauh	Rough	Rugueux
Behauen	Cuted	Taillé
1 Übersicht	General view	Vue d'ensemble
2 Objekt	Subject	Objet
3 Ansicht	Full view	Vue
4 Besondere Stellen	Special positions	Positions spéciales
5 Varianten	Variations	Variantes

Eigentlich reicht eine stetig steigende Rampe; eine Stufe zwischendurch schafft dagegen Erleichterung und zwingt zu einem geregelten Schritt, zu einem geneigten Kopf und zu Aufmerksamkeit für den Weg. Vorbereitung auf ein Ereignis, das langsam näher kommt.

Actually, a permanently rising ramp would suffice, but a step from time to time causes obviously alleviationand forces to a regular step, to a bowed head and to attention for the way — preparation for an event which is slowly nearing.

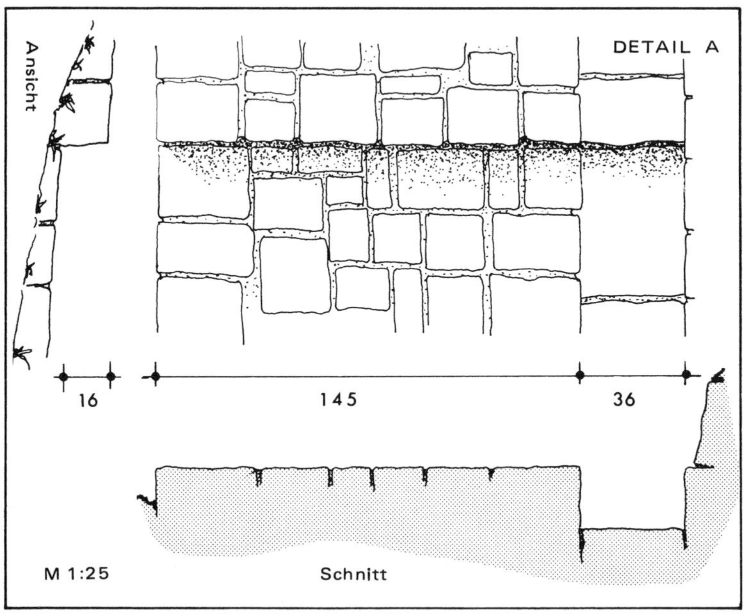

2

3

4

5

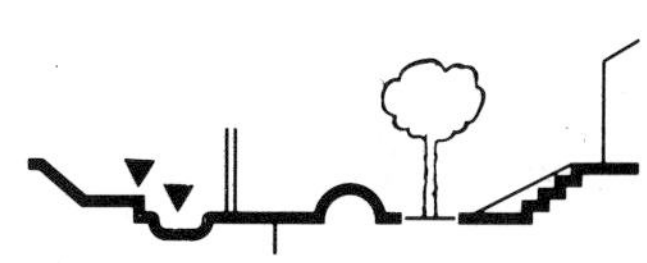

Pedestrian Precincts

Fußgängerbereiche

Plötzlich steigt die Fläche stärker, fällt ins Auge, fällt durch Maßstab auf und Material, gefällt. Oder umgekehrt, man kommt von oben: Plötzlich fällt die Fläche stärker, entgleitet dem Auge, sucht weiter in den Dächern und alten Fassaden. Doch der Schritt wird gehalten durch die reiche Sprache des Materials, ihren ertastbaren Maßstab.

Unexpectedly, the area rises more strongly, attracts the eye, attracts the attention by its scale and material, pleases. And vice versa, when approaching from the top, suddenly the area falls away more strongly, slips from one's eye searches forward in the roofs and old facades. But the step is arrested by the rich language of the material, by its tangible scale.

1

Bodenbelag	Floor covering	Pavé
Einkaufsbereich	Shopping area	Zone des achats
Fußgängerzone	Pedestrian area	Zone p.l. piétons
ORT: München, Petersplatz, D		
DETAIL A		
Granit	Granite	Granit
RAL 7037 Staubgrau	Dusty gray	Gris poussière
Rauh	Rough	Rugueux
Geschlagen	Processed	Frappé
DETAIL B		
Granit	Granite	Granit
RAL 3011 Braunrot	Brown red	Rouge brun
Rauh	Rough	Rugueux
1 Übersicht	General view	Vue d'ensemble
2 Objekt	Subject	Objet
3 Ansicht	Full view	Vue
4 Besondere Stellen	Special positions	Positions spéciales
5 Varianten	Variations	Variantes

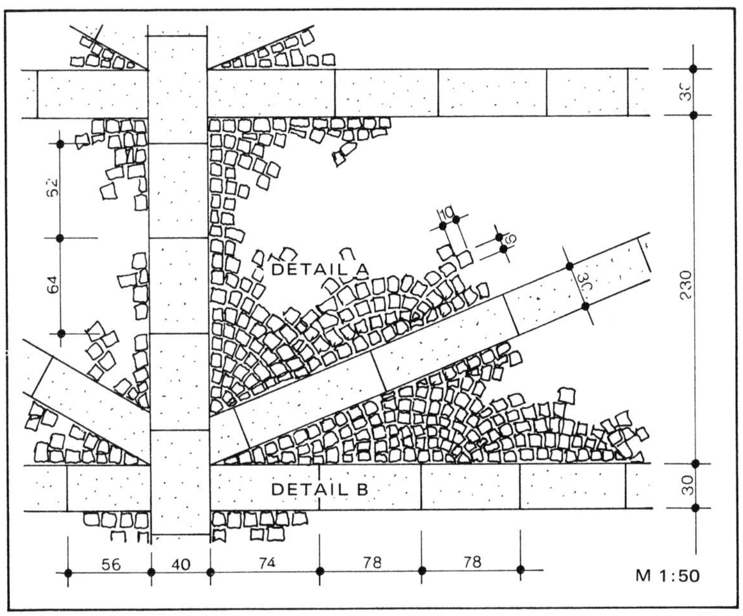

2

3

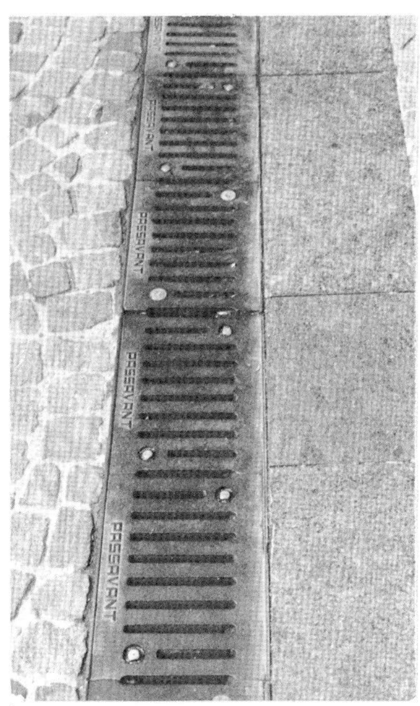

4

5

1

Bodenbelag	Floor covering	Pavé
Verfügungsbereich	Disposition area	Zone de disposition
Fußgängerzone	Pedestrian area	Zone p.l. piétons
ORT: Dubrovnik, Place, YU		
DETAIL A		
Kalk	Lime	Chaux
RAL 1015 Hellelfenbein	Light ivory	Ivoire clair
Glatt	Polished	Lissé
Behauen	Cuted	Taillé
1 Übersicht	General view	Vue d'ensemble
2 Objekt	Subject	Objet
3 Ansicht	Full view	Vue
4 Besondere Stellen	Special positions	Positions spéciales
5 Varianten	Variations	Variantes

Blendende, durchscheinende Helle füllt restlos die Fläche,
kein Rand.
Fließt ohne Grenze in die aufragenden Wände.
Der gleiche Stein, elfenbeinweiß, an jeder Stelle gestaltet.

Glaring, transparent brightness completely fills the area — no borders — flows limitlessly into the rising walls.
The same stone — ivory-coloured — takes shape at each position.

2

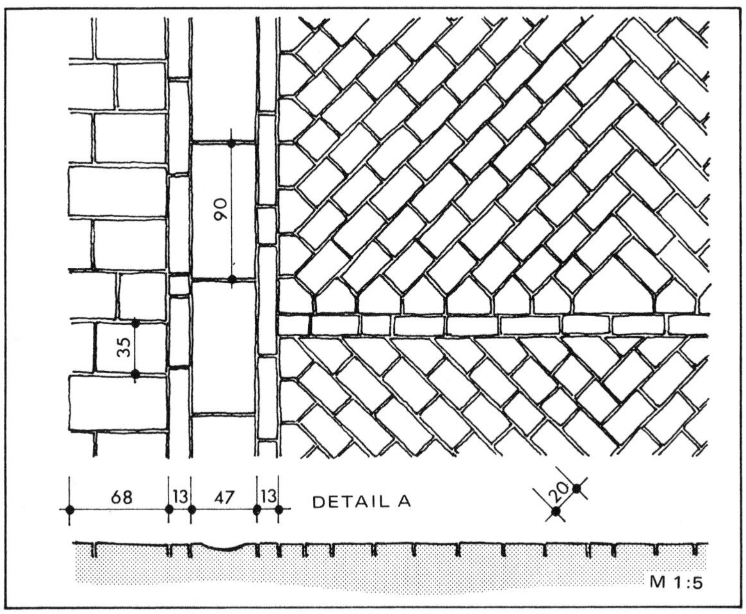

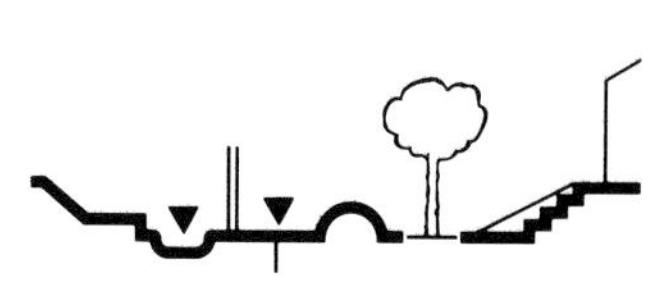

3

4

5

Water and paving-stone determine the face of a whole town. Brook and pebble like bright faces. The constant stream of feet continually rounding them off.

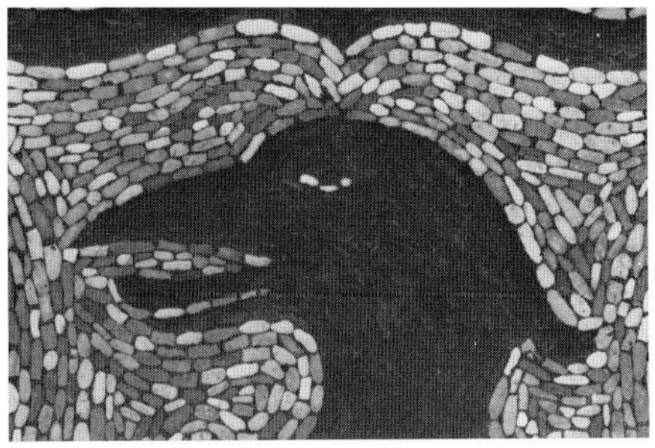

1

Bodenbelag	Floor covering	Pavé
Einkaufsbereich	Shopping area	Zone des achats
Fußgängerzone	Pedestrian area	Zone pour piétons
ORT: Freiburg im Breisgau, Münsterplatz, D		
KONZEPTION: Stadt Freiburg		
DETAIL A		
Granit	Granite	Granit
Basalt	Basalt	Basalte
Schiefer	Slate	Ardoise
RAL 8001 Ockerbraun	Ochre brown	Brun terre de Sienne
RAL 7015 Schiefergrau	Slate gray	Gris ardoise
Glatt	Polished	Lissé
DETAIL B		
Granit	Granite	Granit
RAL 8001 Ockerbraun	Ochre brown	Brun terre de Sienne
Glatt	Polished	Lissé
Behauen	Cuted	Taillé
DETAIL C		
Kiesel	Pebble	Caillou
RAL 1002 Sandgelb	Sandyellow	Jaune sablé
Glatt	Polished	Lissé
1 Übersicht	General view	Vue d'ensemble
2 Objekt	Subject	Objet
3 Ansicht	Full view	Vue
4 Besondere Stellen	Special positions	Positions spéciales
5 Varianten	Variations	Variantes

Wasser und Pflaster bestimmen das Antlitz einer ganzen Stadt, »Bächle« und Kiesel wie glänzende Gesichter. Der beständige Strom der Füße darüber rundet sie weiter ab.

2

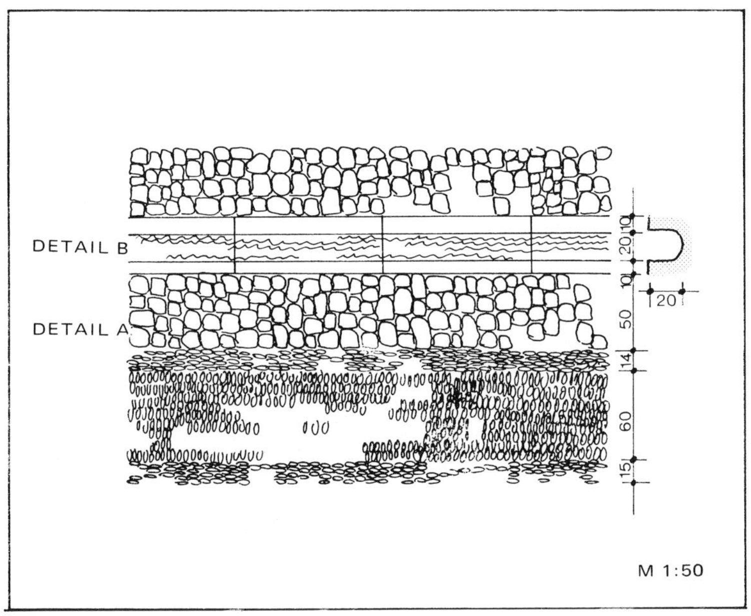

4

5

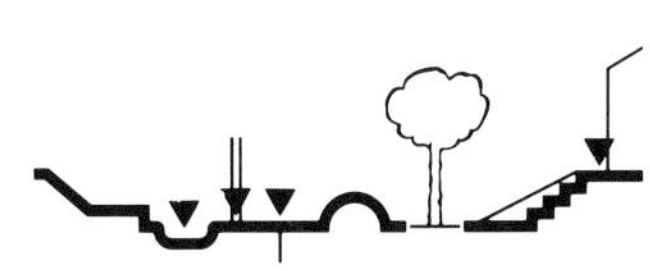

Der Respekt vor dem Baum in der Stadt wird im Pflaster aufgenommen: Sein Lebensraum wird markiert, seine spätere Größe vorgezeichnet. Die Neigung der Böschung hält Rücksichtslose fern, bereichert das Spiel der Kinder.

The respect for the tree planted in the town is recorded by the paving-stones: its living-space is marked, its later size traced out. The incline of the slope keeps thoughtless people away, enriches the game of the children.

1

Baumscheibe	Root protection	Protéger d. racines
Verfügungsbereich	Disposition area	Zone de disposition
Fußgängerzone	Pedestrian area	Zone p.l. piétons

ORT: Aachen, Augustinerplatz, D
KONZEPTION/DESIGN: Stadt Aachen

DETAIL A		
Grauwacke		
RAL 3012 Beigerot	Beige red	Rouge beige
Glatt	Polished	Lissé
Behauen	Cuted	Taillé

1 Übersicht	General view	Vue d'ensemble
2 Objekt	Subject	Objet
3 Ansicht	Full view	Vue
4 Besondere Stellen	Special positions	Positions spéciales
5 Varianten	Variations	Variantes

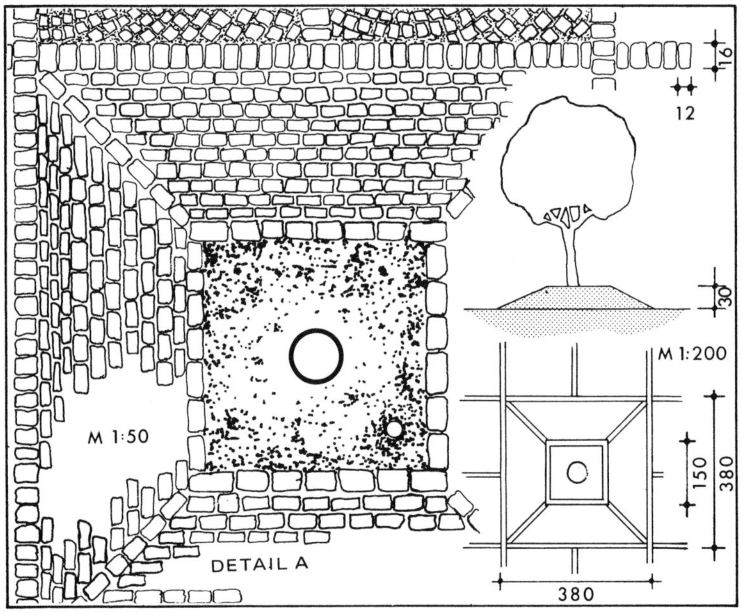

2

3

4

5

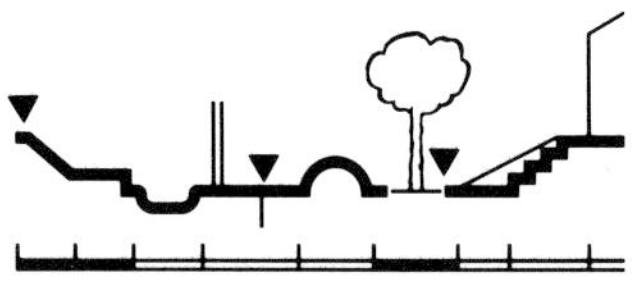

1

Bodenbelag	Floor covering	Pavé
Verfügungsbereich	Disposition area	Zone de disposition
Fußgängerzone	Pedestrian area	Zone p.l. piétons
ORT: Aachen, Augustinerplatz, D		
KONZEPTION/DESIGN: Stadt Aachen		
DETAIL A		
Melaphyr		
RAL 7037 Staubgrau	Dusty gray	Gris poussière
Rauh	Rough	Rugueux
Geschlagen	Processed	Frappé
DETAIL B		
Grauwacke		
RAL 3012 Beigerot	Beige red	Rouge beige
Glatt	Polished	Lissé
Behauen	Cuted	Taillé
1 Übersicht	General view	Vue d'ensemble
2 Objekt	Subject	Objet
3 Ansicht	Full view	Vue
4 Besondere Stellen	Special positions	Positions spéciales
5 Varianten	Variations	Variantes

An historischer Stelle wird mit vergangenen Steinen ein neuer Gedanke vorgetragen, passend zum alten Bestand. Das Pflaster des Platzes hält sich zurück, ruht im Quadrat, empfiehlt sich als kariertes Blatt, an dessen Rand sich die neuen Ansichten abzeichnen.

At an historical place a modern idea is expressed by old stones, corresponding to the traditional surroundings. The paving of the square keeps to itself, it rests in square forms, suggets itself as a leaf, at whose rims new intentions emerge.

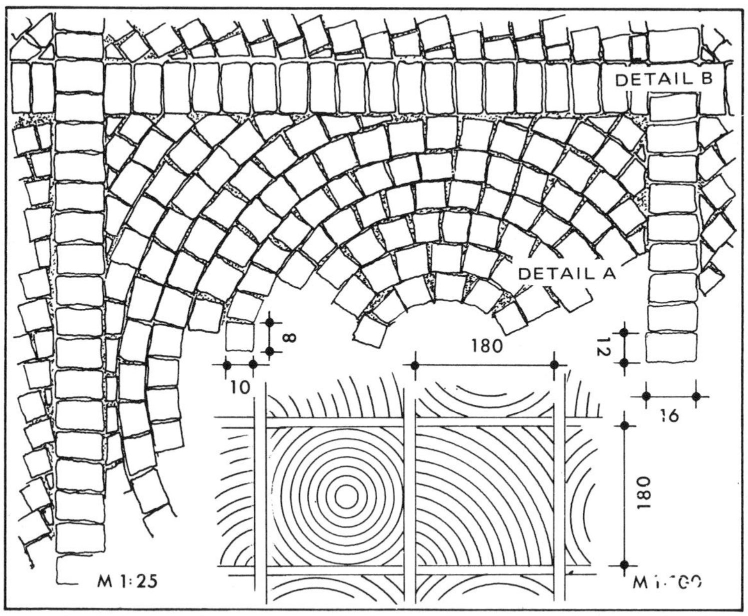

2

3

4

5

Meist ist das notwendige Gefälle der Flächen in öffentlichen Bereichen nicht einzusehen. Der Regen wird unbemerkt abgeführt. Steigt ein Weg im Gelände, wird die Rinne augenfälliger und kann zum Merkmal werden, das die beiden Seiten der Straße bezeichnet und den Ausschlag gibt für die Festlegung weiterer Entscheidungen im Erscheinungsbild.

Mostly the necessary gradient of the surface in public areas cannot be seen. The rain is drained off imperceptibly. When a path in the country ascends the drains are more striking and can become a characteristic which marks both sides of the street and which is decisive for the fixing of further determinations in the arrangement of the place.

1

Bodenbelag Einkaufsbereich Fußgängerzone	Floor covering Shopping area Pedestrian area	Pavé Zone des achats Zone p.l. piétons
ORT: Aachen, Kockerellstraße, D KONZEPTION/DESIGN: Stadt Aachen		
DETAIL A		
Ziegel	Brick	Brique
RAL 3009Oxidrot	Oxide red	Rouge oxyde
Rauh	Rough	Rugueux
Gebrannt	Baked	Cuite
DETAIL B		
Grauwacke		
RAL 7037 Staubgrau	Dusty gray	Gris poussière
Glatt	Polished	Lissé
Behauen	Cuted	Taillé
1 Übersicht	General view	Vue d'ensemble
2 Objekt	Subject	Objet
3 Ansicht	Full view	Vue
4 Besondere Stellen	Special positions	Positions spéciales
5 Varianten	Variations	Variantes

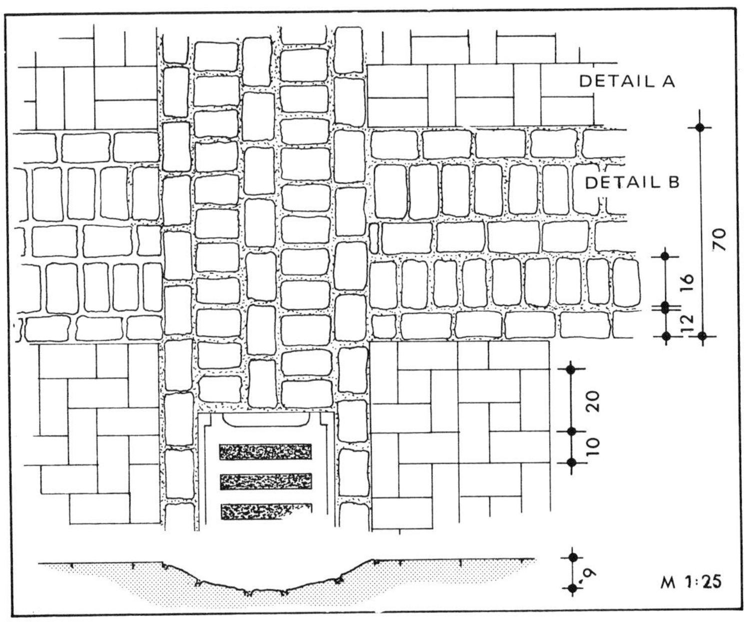

2

3

4

5

1

Baumscheibe	Root protection	Protéger d. racines
Ubergangsbereich	Transition area	Zone d. transition
Fußgängerzone	Pedestrian area	Zone p.l. piétons

ORT: Regensburg, Kapellengasse, D
KONZEPTION: Stadt Regensburg

DETAIL A		
Beton	Concrete	Béton
RAL 7032 Kieselgrau	Pebble gray	Gris silex
Glatt	Polished	Lissé
Gegossen	Casted	Moulé
DETAIL B		
Granit	Granite	Granit
Basalt	Basalt	Basalte
RAL 7031 Blaugrau	Blue gray	Gris bleu
Rauh	Rough	Rugueux
DETAIL C		
Granit	Granite	Granit
Basalt	Basalt	Basalte
RAL 7031 Blaugrau	Blue gray	Gris bleu
Glatt	Polished	Lissé
Behauen	Cuted	Taillé

1 Übersicht	General view	Vue d'ensemble
2 Objekt	Subject	Objet
3 Ansicht	Full view	Vue
4 Besondere Stellen	Special positions	Positions spéciales
5 Varianten	Variations	Variantes

Die bedeutungslosen Pflasterstreifen zwischen den scharfkantigen Betonplatten treffen sich, um gemeinsam das Rund um den Stamm zu bestimmen. Sie liegen im Humus und geben nach, wenn der Baum es verlangt.

**The insignificant stripes of paving-stone between the sharp-edged concrete slabs meet to determine the circle around the trunk.
They lie in humus and comply with the tree's need.**

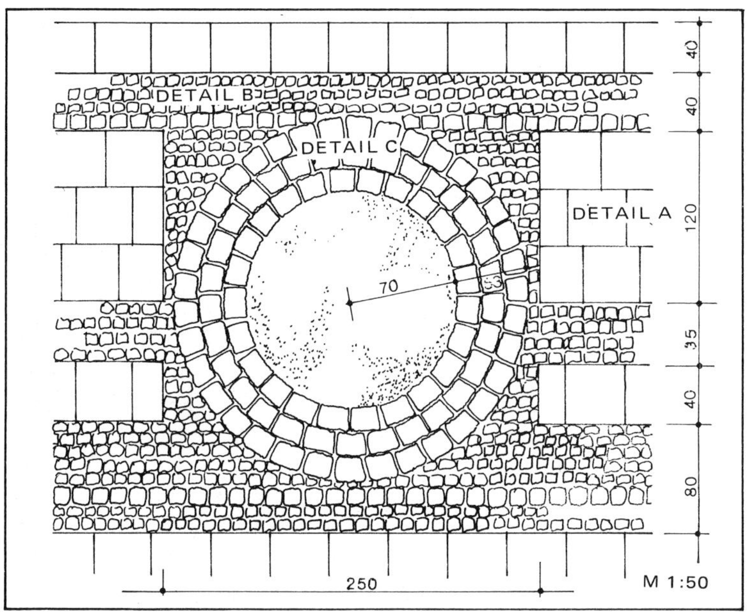

2

3

4

3

Die Anpassungsfähigkeit des Kleinpflasters wird auch für die Wand genutzt. Überall schleifende Übergänge beim Überwinden der verschiedenen Neigungen und Höhen. Die empfindliche Ecke wird von einem besonderen Element gehalten.

The adaptability of the little paving-stones is also used for the wall. All over you find flowing changes in order to surmount the different inclines and heights. The sensitive corner is retained by a particular element.

1

Mauer	Wall	Mur
Übergangsbereich	Transition area	Zone de transition
Fußgängerzone	Pedestrian area	Zone p.l. piétons
ORT: Herten. Am Kirchplatz. D		
KONZEPTION: Stadt Herten		
DESIGN: W. Balzer. Herten		
DETAIL A		
Porphyr		
RAL 8023 Orangebraun	Orange brown	Brun orangé
RAL 8012 Rotbraun	Red brown	Brun rouge
RAL 1011 Braunbeige	Brown beige	Beige brun
Rauh	Rough	Rugueux
Behauen	Cuted	Taillé
DETAIL B		
Beton	Concrete	Béton
1 Übersicht	General view	Vue d'ensemble
2 Objekt	Subject	Objet
3 Ansicht	Full view	Vue
4 Besondere Stellen	Special positions	Positions spéciales
5 Varianten	Variations	Variantes

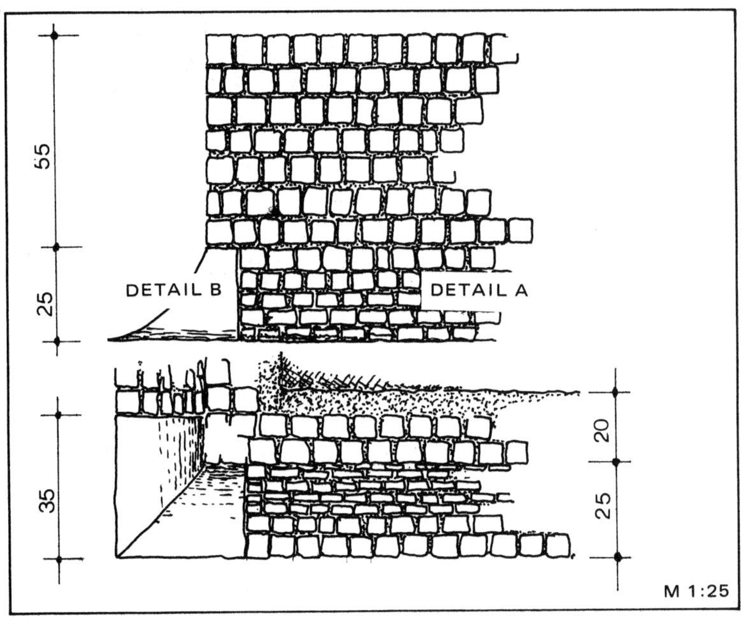

2

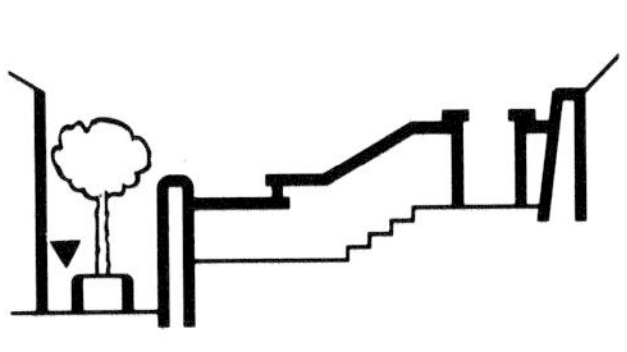

3

4

5

Mauer	Wall	Mur
Übergangsbereich	Transition area	Zone de Transition
Fußgängerzone	Pedestrian area	Zone p.l. piétons
ORT: Bad Pyrmont, Brunnenstraße, D		
KONZEPTION: H. D. Keyl, Hannover		
D. u. H. Haag, Engelbostel		
DESIGN: D. u. H. Haag, H. D. Keyl, 1977/78		
DETAIL A		
Trentiner Porphyr		
RAL 7034 Gelbgrau	Yellow gray	Gris jaune
Rauh	Rough	Rugueux
Behauen	Cuted	Taillé
DETAIL B		
Kiefer	Pine	Pin
RAL 6022 Braunoliv	Olive drab	Olive brun
Glatt	Polished	Lissé
Gehobelt	Planed	Raboté
DETAIL C		
Beton,	Concrete	Béton
RAL 1001 Beige	Beige	Beige
Rauh	Rough	Rugueux
Gesandstrahlt	Sandblasted	Sablé
1 Übersicht	General view	Vue d'ensemble
2 Objekt	Subject	Objet
3 Ansicht	Full view	Vue
4 Besondere Stellen	Special positions	Positions spéciales
5 Varianten	Variations	Variantes

Lange Mauer als bestimmendes Element: Links und rechts, oben und unten, Sitzen und Spiel, Begrenzung und Leitlinie. Die schweren Abdeckplatten werden in der Schwebe gehalten und sind aus gutem Stein geschlagen.

A long wall as a determining element: On the left and on the right side, at the top and at the bottom — space for sitting and playing — limitation and basic line. The heavy cover plates are in suspension and are made out of good stones.

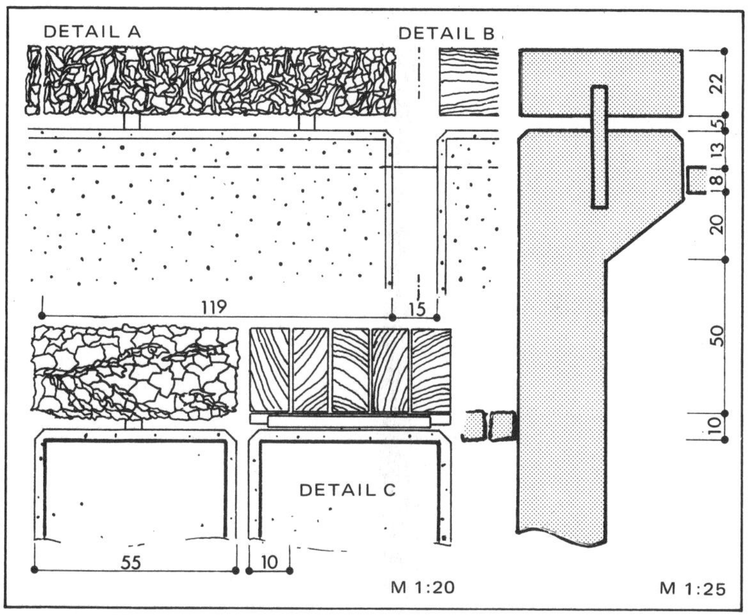

2

3

4

5

Der Belag, die Haut der Straße, versiegelt gleichsam den Grund, den er bedeckt. Zusätzlich zur Gestaltfindung kann es manchmal dienlich sein, etwas Wichtiges nachzuzeichnen, das er jetzt versteckt, beispielsweise den Grundriß einer alten Kirche an dieser Stelle.

The covering, the skin of the street, virtually seals the ground which it is covering. Sometimes it can serve to emphazise its nature, to copy something important which the ground now covers, for example, at this point, the floor plan of an old church.

1

Bodenbelag	Floor covering	Pavé
Verfügungsbereich	Disposition area	Zone de disposition
Fußgängerzone	Pedestrian area	Zone p.l. piétons
ORT: Aachen, Münsterplatz, D		
KONZEPTION: Stadt Aachen		
DETAIL A		
Basalt	Basalt	Basalte
RAL 7036 Platingrau	Platinum gray	Gris platine
Glatt	Polished	Lissé
1 Übersicht	General view	Vue d'ensemble
2 Objekt	Subject	Objet
3 Ansicht	Full view	Vue
4 Besondere Stellen	Special positions	Positions spéciales
5 Varianten	Variations	Variantes

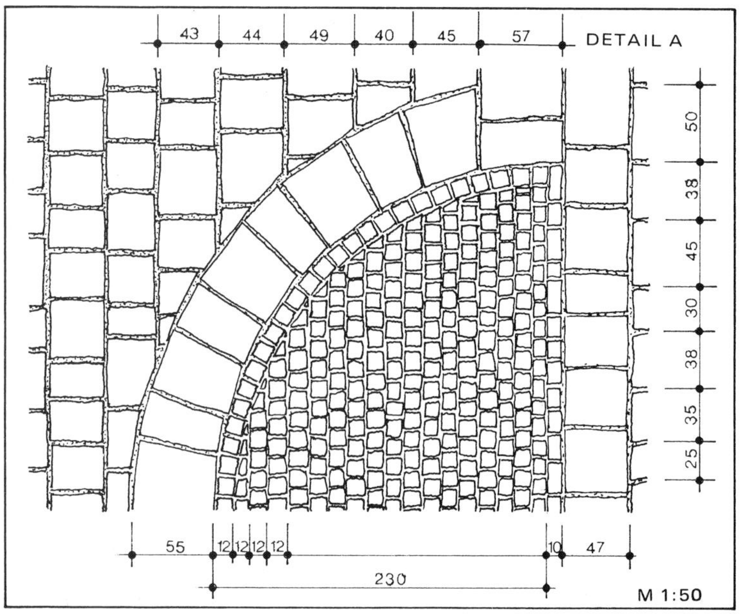

2

3

4

1

Bodenbelag	Floor covering	Pavé
Übergangsbereich	Transition area	Zone de transition
Fußgängerzone	Pedestrian area	Zone pour piétions
ORT: Basel, CH.,		
DETAIL A		
Kiesel	Pebble	Caillou
RAL 1002 Sandgelb	Sandyellow	Jaune sable
RAL 8004 Kupferbraun	Copper brown	Brun cuivre
Rauh	Rough	Rugueux
Geschlagen	Processed	Frappé
DETAIL B		
Porphyr		
RAL 3012 Beige rot	Beige red	Rouge beige
Rauh	Rough	Rugueux
1 Übersicht	General view	Vue d'ensemble
2 Objekt	Subject	Objet
3 Ansicht	Full view	Vue
4 Besondere Stellen	Special positions	Positions spéciales
5 Varianten	Variations	Variantes

Durch die verwinkelte Folge von Fassadenstücken schiebt sich der frisch verlegte Weg, verbindet die verschiedenen Stile am Rand und gibt dem Schritt kleine Ziele. Die verbindliche Form des Pflasters hält Ruhe im Stehen und hilft doch beim Gehen.

The newly laid way pushes itself through the angular series of facades, links the different styles at the border and directs the step. The binding from of the pavement produces the impression of repose when the peoble are standing, but nevertheless helps them when walking.

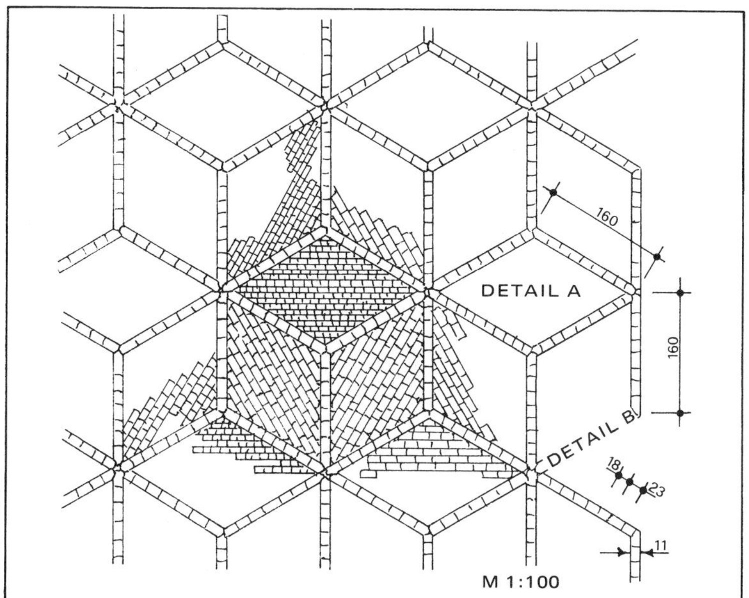

2

3

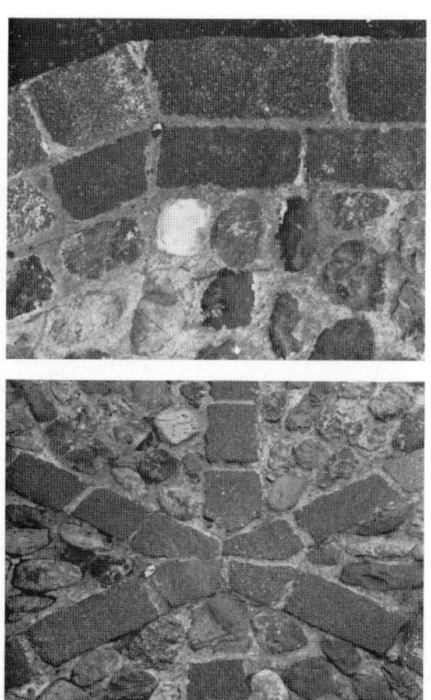

4

5

Squares

Plätze

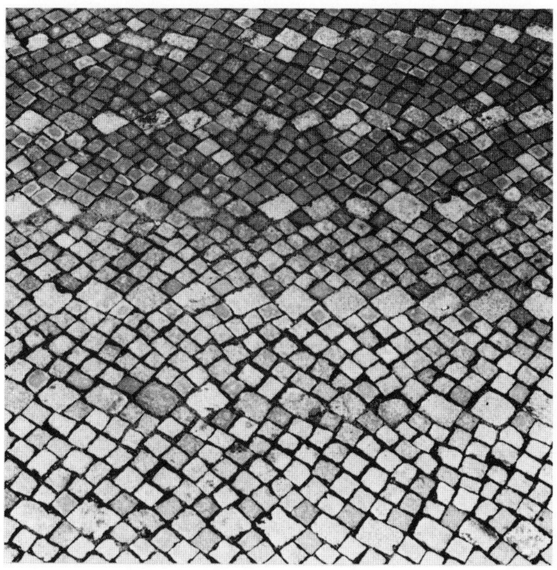

The old centre of a square is taken seriously again and brought to the fore: A circle of stairs and bowls of bronze, water underlines the dignity of the golden eagle. With each stone the pavement refers even in the rearmost corner to the significant point.

1

Bodenbelag	Floor covering	Pavé
Verfügungsbereich	Disposition area	Zone de disposition
Kulturzone	Cultural area	Zone de culture
ORT: Goslar, Markt, D		
DETAIL A		
Granit	Granite	Granit
RAL 3012 Beigerot	Beige red	Rouge beige
Rauh	Rough	Rugueux
Behauen	Cuted	Taillé
DETAIL B		
Granit	Granite	Granit
RAL 9002 Grauweiß	Gray white	Blanc gris
Rauh	Rough	Rugueux
Behauen	Cuted	Taillé
DETAIL C		
Basalt	Basalt	Basalte
RAL 7031 Blaugrau	Blue gray	Gris bleu
Rauh	Rough	Rugueux
Behauen	Cuted	Taillé
1 Übersicht	General view	Vue d'ensemble
2 Objekt	Subject	Objet
3 Ansicht	Full view	Vue
4 Besondere Stellen	Special positions	Positions spéciales
5 Varianten	Variations	Variantes

Die alte Mitte eines Platzes wird wieder ernstgenommen und ausgezeichnet: Ein Rund aus Treppenstufen und Bronzeschalen, Wasser unterstreicht die Würde des goldenen Adlers. Das Pflaster verweist mit jedem Stein selbst im letzten Winkel auf die bedeutende Stelle.

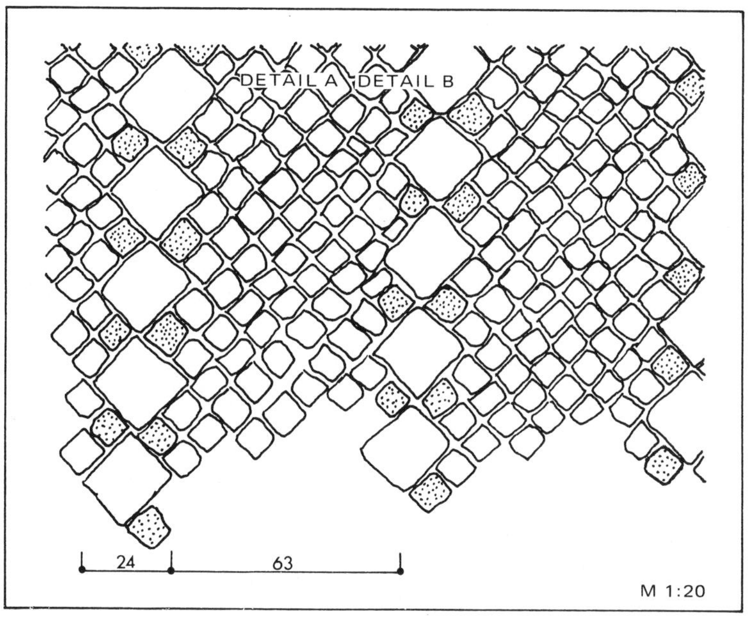

2

3

4

5

Der Raum, den ein Gotteshaus um sich braucht, ist hier mit runden Kieseln ausgelegt, Sehraum unter dem Schirm von Bäumen. Das Gehen findet auf geglätteten und deutlich flankierten Platten statt . . .

The space around the church is covered with pebbles. Visual space under the umbrella of the trees. People walk on smooth and clearly flanked slabs . . .

1

Bodenbelag	Floor covering	Pavé
Übergangsbereich	Transition area	Zone de transition
Kulturzone	Cultural area	Zone de culture
ORT: Lüneburg, St. Johannis		
DETAIL A		
Porphyr		
RAL 8012 Rotbraun	Red brown	Brun rouge
Rauh	Rough	Rugueux
Gesägt	Sawed	Scié
DETAIL B		
Kiesel	Pebble	Caillou
RAL 8012 Rotbraun	Red brown	Brun rouge
RAL 7032 Kieselgrau	Pebble gray	Gris silex
Glatt	Polished	Lissé
DETAIL C		
Sandstein	Sand stone	Gres dur
RAL 7032 Kieselgrau	Pebble gray	Gris silex
Rauh	Rough	Rugueux
Behauen	Cuted	Taillé
1 Übersicht	General view	Vue d'ensemble
2 Objekt	Subject	Objet
3 Ansicht	Full view	Vue
4 Besondere Stellen	Special positions	Positions spéciales
5 Varianten	Variations	Variantes

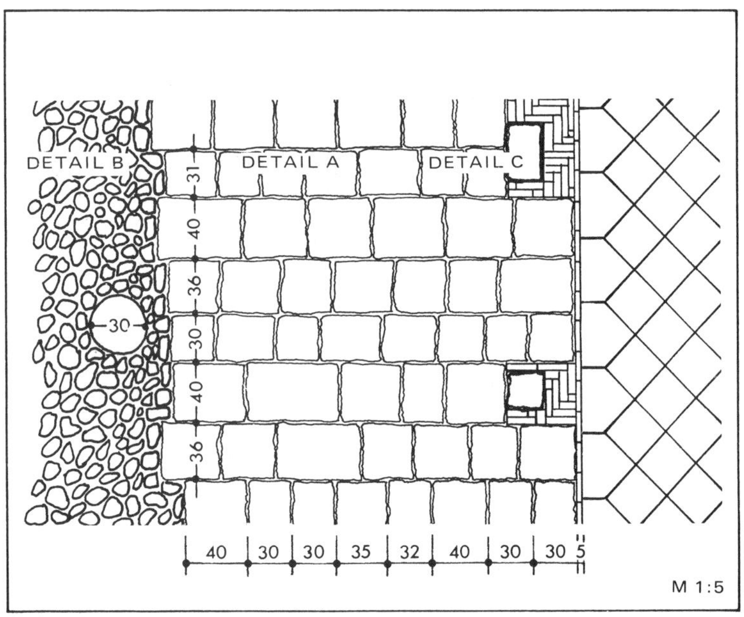

2

3

4

5

1

Bodenbelag	Floor covering	Pavé
Eingangsbereich	Entrance area	Zone d'entrée
Kulturzone	Cultural area	Zone verte
ORT: Lüneburg, St. Johannis, D		
DETAIL A		
Sandstein	Sandstone	Gres dur
RAL 7032 Kieselgrau	Pebble gray	Gris silex
RAL 1001 Beige	Beige	Beige
RAL 1000 Grünbeige	Green beige	Beige vert
Glatt	Polished	Lissé
Behauen	Cuted	Taillé
DETAIL B		
Klinker	Clinker	Brique recuite
RAL 8012 Rotbraun	Red brown	Brun rouge
RAL 3009 Oxydrot	Oxide red	Rouge oxyde
Rauh	Rough	Rugueux
Gebrannt	Baked	Cuite
1 Übersicht	General view	Vue d'ensemble
2 Objekt	Subject	Objet
3 Ansicht	Full view	Vue
4 Besondere Stellen	Special positions	Positions spéciales
5 Varianten	Variations	Variantes

. . . das Stehen und Versammeln vor dem Eingang auf einem gepflasterten Platz. In den ruhigen Quadraten sind die alten Steine der Landschaft zusammengefaßt.

. . . and they linger and assemble on a paved square in front of the entrance. The calm squares comprise the old stones of the landscape.

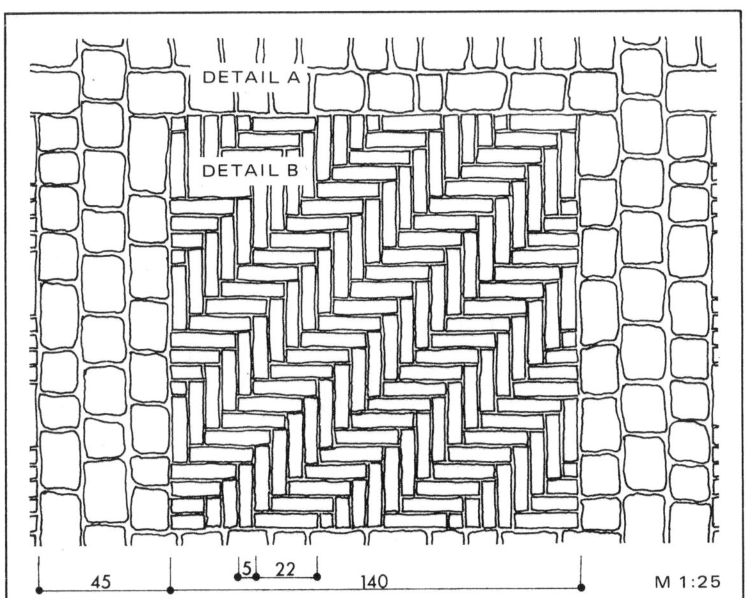

2

3

4

5

Die Stadt im Zeichen des Wassers und der steinernen Flächen, die an allen Stellen nur vom fahrenden Boot oder in der Bewegung des Gehens wahrgenommen wird, vermittelt ihre Schönheit in einer eigenen Ausdrucksweise, die der Schrift entsprungen scheint. Selbst die leeren Plätze lassen sich wie Erzählungen lesen, wenn man den Eintragungen des Plattenbelages mit den Augen folgt.

The town is marked by water and stone surfaces which at all places can only be perceived from a moving boat or by walking. The town's beauty is mediated by a way of expression which seems to originate in writing. Even the empty squares can be read like narrations if one follows with the eye the entries of the slab covering.

1

Bodenbelag	Floor covering	Pavé
Verfügungsbereich	Disposition area	Zone de disposition
Fußgängerzone	Pedestrian area	Zone pour piétons

ORT: Venedig, Santa Maria della Salute, I.,

DETAIL A		
Trachyt		
RAL 7012 Basaltgrau	Basaltgray	Gris basalte
Glatt	Polished	Lissé
Gesägt	Sawed	Scié
DETAIL B		
Marmor	Marble	Marbre
RAL 9002 Perlweiß	Oyster white	Blanc perlé
Glatt	Polished	Lissé
Gesägt	Sawed	Scié

1 Übersicht	General view	Vue d'ensemble
2 Objekt	Subject	Objet
3 Ansicht	Full view	Vue
4 Besondere Stellen	Special positions	Positions spéciales
5 Varianten	Variations	Variantes

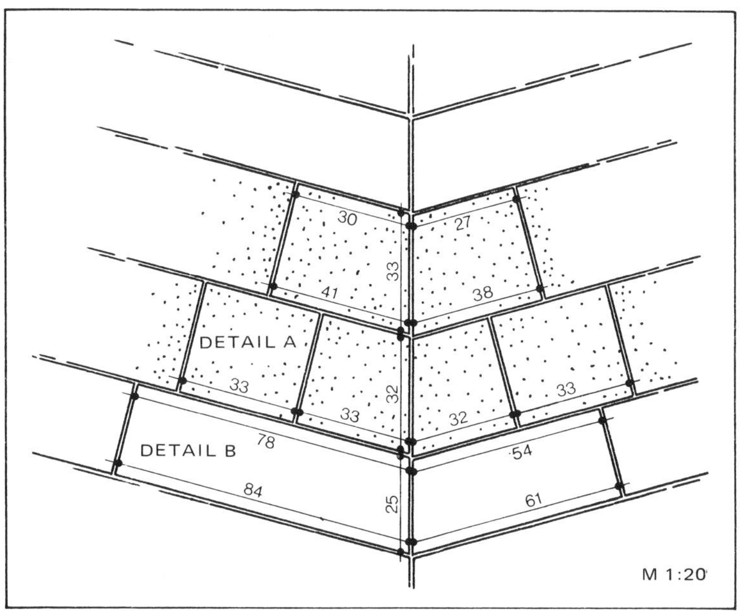

2

3

4

5

1

Bodenbelag	Floor covering	Pavé
Verfügungsbereich	Disposition area	Zone de disposition
Fußgängerzone	Pedestrian area	Zone pour piétons
ORT: Venedig, Chiesa dei Gesuati, I.,		
DETAIL A		
Trachyt		
RAL 7030 Steingrau	Stone gray	Gris pierre
Glatt	Polished	Lissé
Gesägt	Sawed	Scié
DETAIL B		
Marmor (Istrien)	Marble	Marbre
RAL 9001 Cremeweiß	Cream	Blanc crème
Glatt	Polished	Lissé
Gesägt	Sawed	Scié
1 Übersicht	General view	Vue d'ensemble
2 Objekt	Subject	Objet
3 Ansicht	Full view	Vue
4 Besondere Stellen	Special positions	Positions spéciales
5 Varianten	Variations	Variantes

Gehen und Stehen, gegensätzliche Haltungen, auf die eine Gestaltung eingehen kann: Wege und Plätze. Besondere Flächen können beides sein, ein Ort zum Verweilen und gleichzeitig eine Stelle der Fortbewegung. Hier wird dieser Überschneidung Ausdruck verliehen durch die Formensprache des Plattenbelages.

Walking and standing are two contrary attitudes to which a design can respond by ways and squares. Particular areas can have the task of both — a point for resting and at the same time a place for locomotion. Here, this overlapping is expressed by the language of forms which the slab covering speaks.

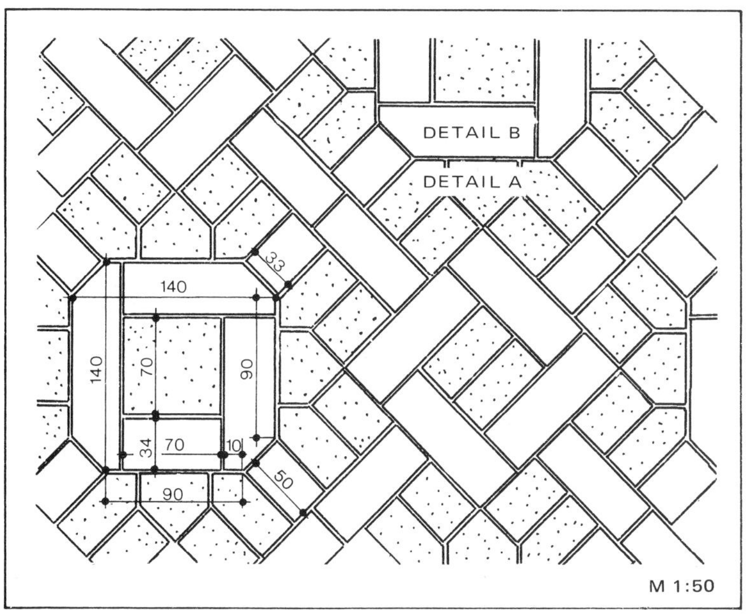

2

3

4

5

Da ist zunächst nur Platz, der ausreicht für viele Menschen. Ein Behälter, der jedem, der in ihn eintritt, die Freiheit läßt für Haltung und Handlung. Ein offener Ort. So verweisen die Steine am Boden auch auf keine Mitte. Wenn auch frisch gebrochen, so haben sie doch das hohe Alter wie die schweren Quader der berühmten Wand am Rand. Auch ihre Bedeutung wird nicht durch Gestaltung überhöht, sondern nur durch die Andacht der Menschen davor. Einzig allein die Farbe des Gesteins an jeder Stelle, als wenn hier das Leuchten der Geschichte Einlaß gefunden hätte.

First of all, there is only a square adequate for many people. A container which gives to everyone who enters a freedom of attitude and behaviour-an open place. That is the reason why the stones at the bottom do not refer to any centre. Although they are newly hewn they have the great age of the heavy square stones of the famous wall at the border. Its importance is not overweighed by the design, but by the devotion of the people in front of the wall. Only the colour of the stones at each place is exceptional, it seems as if here the light of history has found admission.

1

Bodenbelag	Floor covering	Pavé
Verfügungsbereich	Disposition area	Zone de disposition
Kulturzone	Cultural area	Zone de culture

ORT: Jerusalem, Platz vor der Klagemauer (Western Wall) IL

DETAIL A		
Kalk	Lime	Chaux
RAL 1014 Elfenbein	Ivory	Ivoire
Rauh	Rough	Rugueux
Gestockt	Granulated	Brettele

1 Übersicht	General view	Vue d'ensemble
2 Objekt	Subject	Objet
3 Ansicht	Full view	Vue
4 Besondere Stellen	Special positions	Positions spéciales
5 Varianten	Variations	Variantes

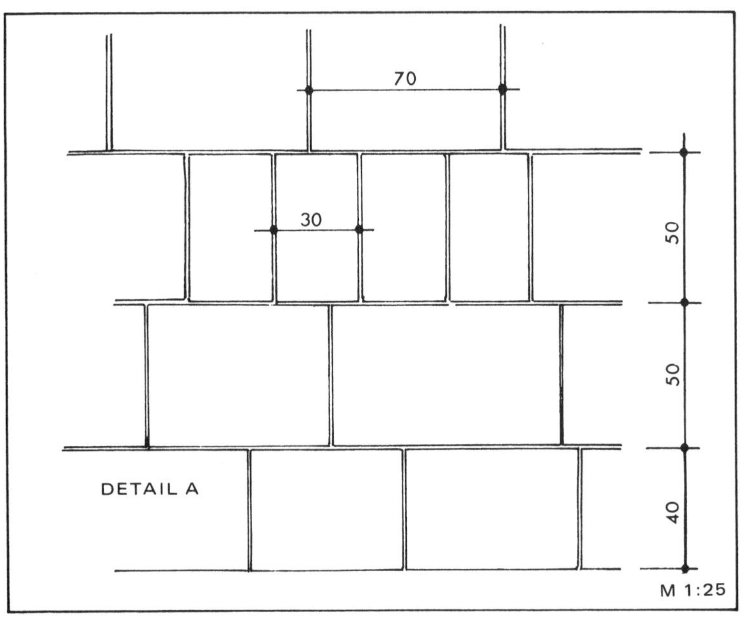

2

3

4

5

1

Bodenbelag	Floor covering	Pavé
Übergangsbereich	Transition area	Zone d'exterieur
Kulturzone	Cultural area	Zone de culture
ORT: Jerusalem, Montefiores Windmühle, IL		
DETAIL A		
Kalk	Lime	Chaux
RAL 1014 Elfenbein	Ivory	Ivoire
Glatt	Polished	Lissé
Rauh	Rough	Rugueux
Gespitzt	Sprayed	Craché
1 Übersicht	General view	Vue d'ensemble
2 Objekt	Subject	Objet
3 Ansicht	Full view	Vue
4 Besondere Stellen	Special positions	Positions spéciales
5 Varianten	Variations	Variantes

2

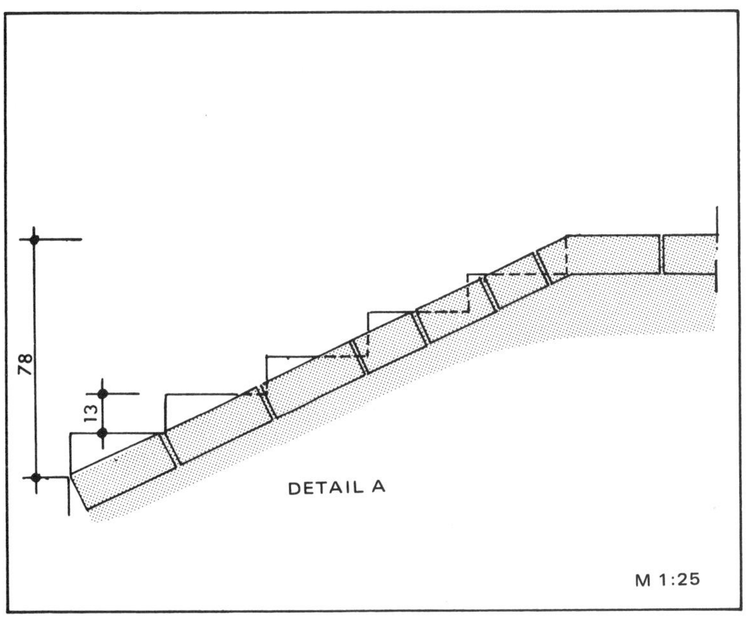

3

4

5

Die aussichtsreiche Stelle selbst lehrt den Betrachter die Grammatik der Steine. Aus nächster Nähe erfährt er nicht allein mit dem Auge den Reichtum ihrer Ausdrucksweisen: Fläche, Weg und Mauer, Rampe und Böschung, die Treppe, die Neigung und die Senkrechte, das Ebene und das Steile, die sanfte Kante und die übergreifende Abdeckung. Mit dieser hautnahen Erfahrung streift das Auge über das steinerne Straßen der ganzen Stadt.

It is the best viewpoint to teach the observer the grammar of the stones. From close up he does not only learn by eye the richness of their modes of expression: surfaces, way and wall, ramp and slope, the steps, the incline and the vertical, the level and steep planes, the smooth edge and overlapping covering. With this very close experience the eye roams over the stony shining of the whole town.

Dem Anschein nach wird der Platz durch das ruhige Quadrat bestimmt, doch nur die Pflastersteine der Mitte bieten diesem ersten Eindruck Nahrung. Die gerichteten Formate am Rand und die schlanken Zwischenräume beleben die Ruhe des Zentrums.

It looks as if the place is determined by the calm square, but only the pavingstone in the centre confirms this first impression. The directed format at the border and the slim interspaces enliven the calmness of the centre.

1

Bodenbelag	Floor covering	Pavé
Verfügungsbereich	Disposition area	Zone de disposition
Fußgängerzone	Pedestrian area	Zone p.l. pietons
ORT: Münster, Syndikatplatz, D		
DETAIL A		
Porphyr		
RAL 3009 Oxidrot	Oxide red	Rouge oxyde
Behauen	Cuted	Taillé
DETAIL B		
Kalk	Lime	Chaux
RAL 1015 Hellelfenbein	Light ivory	Ivoire clair
Glatt	Polished	Lissé
Behauen	Cuted	Taillé
DETAIL C		
Basalt	Basalt	Basalte
RAL 7031 Blaugrau	Blue gray	Gris bleu
Glatt	Polished	Lissé
Gesägt	Sawed	Scié
1 Übersicht	General view	Vue d'ensemble
2 Objekt	Subject	Objet
3 Ansicht	Full view	Vue
4 Besondere Stellen	Special positions	Positions spéciales
5 Varianten	Variations	Variantes

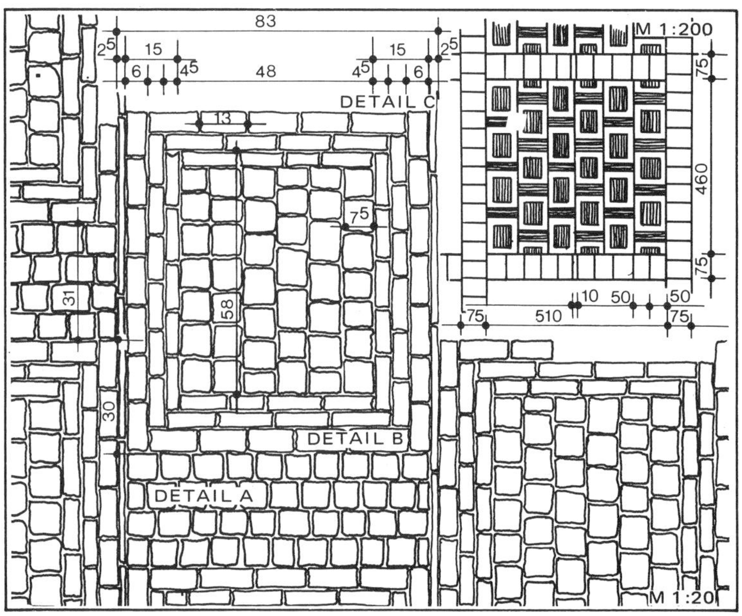

2

3

4

5

1

Bodenbelag	Floor covering	Pavé
Verfügungsbereich	Disposition area	Zone de disposition
Fußgängerzone	Pedestrian area	Zone p.l. pietons
ORT: Aachen, Markt, D		
KONZEPTION: Stadt Aachen		
DETAIL A		
Braunlagergranit	Braunlager granite	Braunlager granit
RAL 3009 Oxidrot	Oxide red	Rouge oxyde
Rauh	Rough	Rugueux
Geschlagen	Processed	Frappé
DETAIL B		
Melaphyr	Melaphyr	Melaphyr
RAL 3009 Oxidrot	Oxide red	Rouge oxyde
Rauh	Rough	Rugueux
Geschlagen	Processed	Frappé
DETAIL C		
Granit	Granite	Granit
RAL 7034 Gelbgrau	Yellow gray	Gris jaune
Rauh	Rough	Rugueux
Geschlagen	Processed	Frappé
1 Übersicht	General view	Vue d'ensemble
2 Objekt	Subject	Objet
3 Ansicht	Full view	Vue
4 Besondere Stellen	Special positions	Positions spéciales
5 Varianten	Variations	Variantes

Um Randbreite versetzte Quadrate belegen den unregelmäßigen Raum des Marktes. Sie nehmen in ihrem schrägen Verlauf alle Unebenheiten des Platzes auf. Die Sparsamkeit der gestalterischen Mittel und die glückliche Verbindung der drei klassischen Formate im Eckpunkt der Quadrate bewahren dem Platz eine würdevolle Ruhe.

Squares with slight gaps in between cover the irregular space of the market. They absorb with their transversal course the uneveness of the square. The economy of the design elements and the fortunate union of the three classical formats in the intersection of the squares affords the square a dignified clamness.

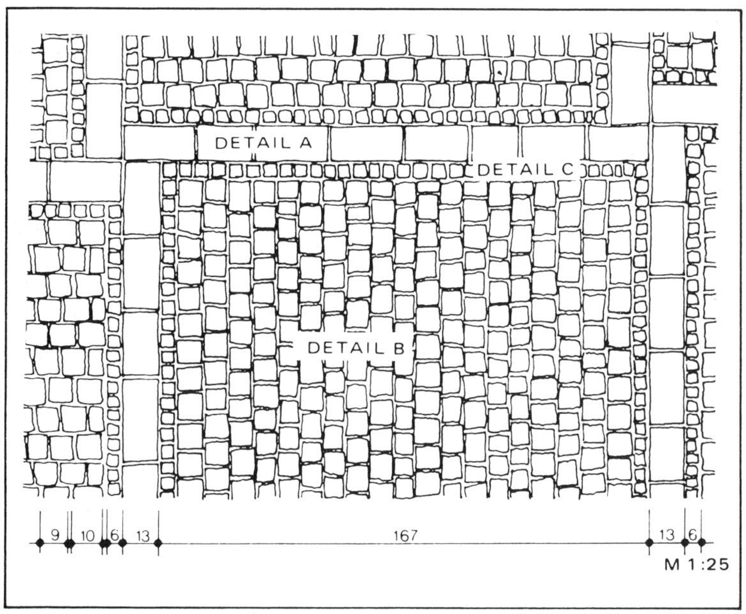

2

3

4

5

Die Symmetrie der Portale wird in die Fläche des Vorplatzes übertragen. Die Linienführung schließt den alten Baumbestand mit ein, verweist schon von weitem auf den Eingangsbereich und begleitet den Besucher um das ganze Kirchenschiff. Sie weist diejenige Fläche aus, die noch zum Einflußbereich des Münsters zählt.

The symmetry of the portals is taken up by the surface of the fore-court. The guiding line includes the old stocks of trees, refers already from far away to the entrance-region and accompanies the visitor around the whole nave. The line describes that area which still belongs to the sphere of the cathedral.

1

Bodenbelag Eingangsbereich	Floor covering	Pavé
Kulturzone	Cultural area	Zone de culture
ORT: Duderstadt		
KONZEPTION: Stadt Duderstadt		
DETAIL A		
Klinker	Clinker	Brique recuite
RAL 8012 Rotbraun	Red brown	Brun rouge
Glatt	Polished	Lissé
Gebrannt	Baked	Cuite
DETAIL B		
Waschbeton	Washed concrete	Beton lavé
RAL 9002 Grauweiß	Gray white	Blanc gris
Rauh	Rough	Rugueux
Gegossen	Casted	Moulé
DETAIL C		
Basalt	Basalt	Basalte
RAL 7031 Blaugrau	Blue gray	Gris bleu
Glatt	Polished	Lissé
Behauen	Cuted	Taillé
1 Übersicht	General view	Vue d'ensemble
2 Objekt	Subject	Objet
3 Ansicht	Full view	Vue
4 Besondere Stellen	Special positions	Positions spéciales
5 Varianten	Variations	Variantes

2

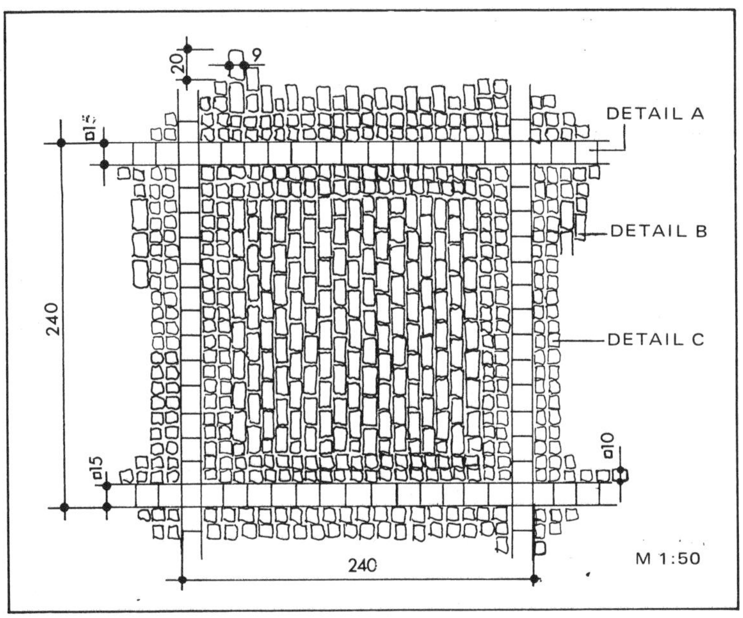

3

4

5

1

Bodenbelag	Floor covering	Pavé
Verfügungsbereich	Disposition area	Zone de disposition
Fußgängerzone	Pedestrian area	Zone pour piétons
ORT: Alicante, Hafen, P.,		
DETAIL A		
Marmor	Marble	Marbre
RAL 3022 Lachsrot	Salmon pink	Rouge saumon
RAL 9001 Creme weiß	Cream	Blanc crème
Glatt.	Polished	Lissé
Geschlagen	Processed	Frappé
DETAIL B		
Basalt	Basalt	Basalte
RAL 5008 Graublau	Gray blue	Bleu gris
Glatt	Polished	Lissé
Geschlagen	Processed	Frappé
1 Übersicht	General view	Vue d'ensemble
2 Objekt	Subject	Objet
3 Ansicht	Full view	Vue
4 Besondere Stellen	Special positions	Positions spéciales
5 Varianten	Variations	Variantes

Ein Bild für beschwingtes Flanieren, das der Strom der Fußgänger am kühlen Abend hinterläßt. Es wird als Wellenbewegung für den heißen menschenleeren Tag in die Sprache des Pflasters übertragen.

A picture of a light footed stroll which is left by the stream of pedestrians in the cool evening. It is transferred as a modulation to the language of paving-stones for the hot deserted day.

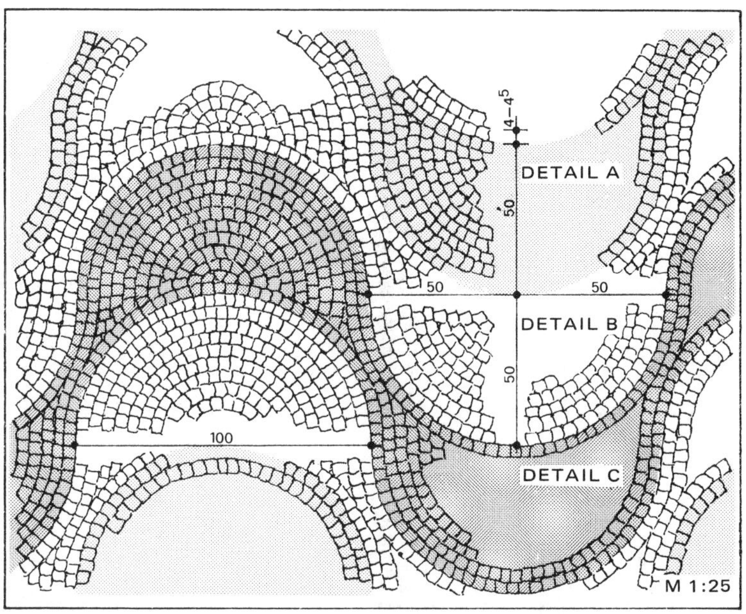

2

3

3

5

Der fallende Platz in Siena beweist auch noch im kleinen Detail seine Größe, in den weißen Strahlen, die sich im tiefsten Punkt finden, in den Steinpfählen am oberen Rand. Alles Gesten und Fingerzeige, doch sie verfolgen alle noch einen weiteren Zweck. Sie führen das Wasser und halten die Massen der Menschen in Grenzen bei ihren Festen, die aus der Form des Platzes entsprangen.

The falling square in Siena demonstrates its greatness even in small details, in the white rays which meet at the deepest point at the upper edges of the stone stakes. These are only gestures and cues, but they also pursue another aim. They conduct the water, and at festivities they keep the masses of people within bounds who retire from the border of the square.

1

Bodenbelag Verfügungsbereich Verfügungszone	Floor covering Disposition area Area at disposal	Pavé Zone de disposition Zone à disposé
ORT: Siena, Piazza del Campo, I		
DETAIL A Ziegel RAL 8004 Kupferbraun Glatt	 Brick Copper brown Polished	 Brique Brun cuivré Lissé
DETAIL B Travertin RAL 7031 Blaugrau Glatt	 Blue gray Polished	 Gris bleu Lissé
DETAIL C Marmor RAL 1013 Perlweiß Glatt	 Marble Oyster white Polished	 Marbre Blanc perlé Lissé
1 Übersicht 2 Objekt 3 Ansicht 4 Besondere Stellen 5 Varianten	General view Subject Full view Special positions Variations	Vue d'ensemble Objet Vue Positions spéciales Variantes

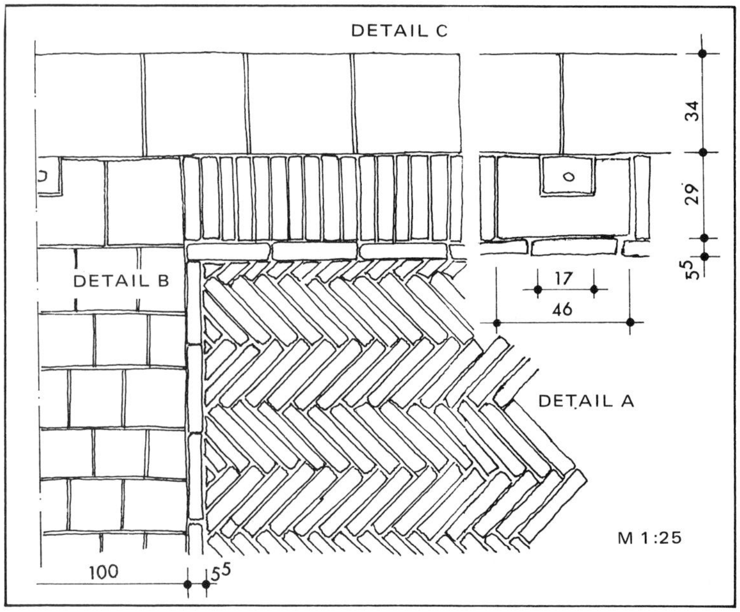

2

3

4

5

1

Bodenbelag Verfügungsbereich Fußgängerzone	Floor covering Disposition area Pedestrian area	Pavé Zone de disposition Zone p.l. piétons

ORT: Aachen, Forum Technische Hochschule, D
KONZEPTION/DESIGN: Volkhammer, Wetzel, Düsseldorf

DETAIL A		
Ziegel	Brick	Brique
RAL 8012 Rotbraun	Red brown	Brun rouge
Rauh	Rough	Rugueux
Gebrannt	Baked	Cuite

1 Übersicht	General view	Vue d'ensemble
2 Objekt	Subject	Objet
3 Ansicht	Full view	Vue
4 Besondere Stellen	Special positions	Positions spéciales
5 Varianten	Variations	Variantes

Das neue studentische Zentrum in der Stadtmitte wird an jeder Stelle bestimmt durch die Form und Farbe des neuen holländischen Klinkers. Mit ihm werden hier alle technischen Probleme gelöst und die breite Palette der gestalterischen Möglichkeiten aufgezeigt, sowie ihre sorgfältige detailierte Ausbildung.

The new student centre in the city centre is determined at each point by the form and colour of the new Dutch clinker. Here, throught these, all technical problems are solved and the wide range of design possibilities as well as their carefully detailed creations are pointed out.

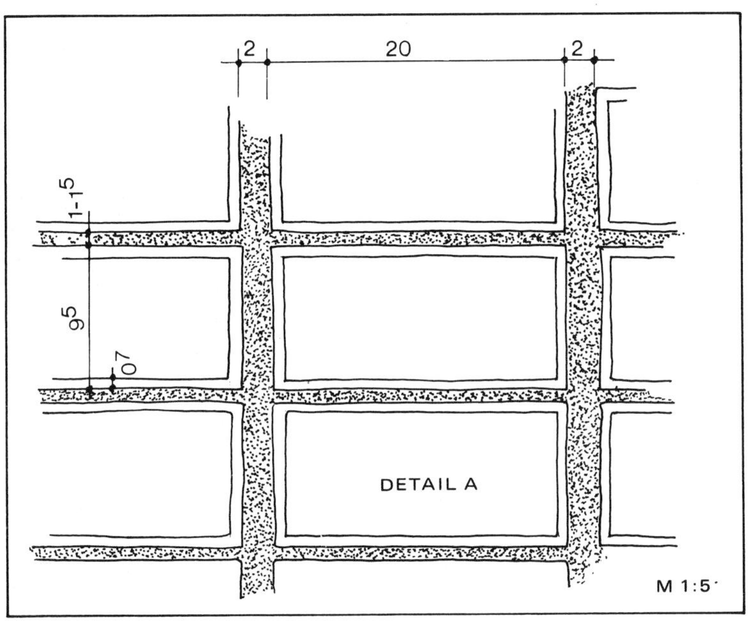

2

3

4

5

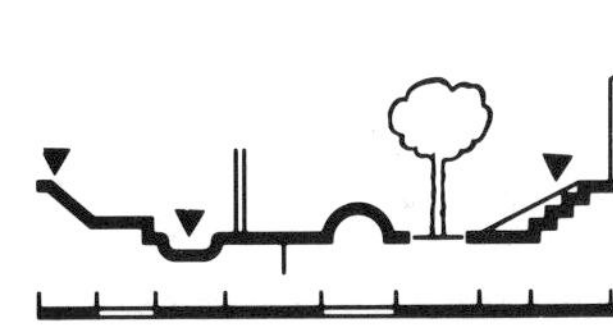

Ein notwendiger Absatz im Belag bildet zusammen mit der Regenrinne eine Trennlinie zwischen zwei unterschiedlich strukturierten Flächen. Das Auge greift sie auf und läuft daran den Platz hinunter. Man wird an solchen Punkten mit dem Gestaltungsprinzip des Saumes konfrontiert, mit jener besonderen Stelle, an der die namenlosen Maschen des Pflasters Form annehmen, um einen Rand auszubilden, über den die Gestalt als Ganzes zuerst erfahren wird.

A necessary landing in the floor covering forms together with the rain groove a separation line between two differently structured areas. The eye picks them up and runs along this line down the square. At those points one is confronted with the design principle of the border which is the particular location where the nameless meshes of the paving stone take shape in order to form an edge, through which the shape as a whole is first experienced.

1

Bodenbelag Verfügungsbereich Kulturzone	Floor covering Disposition area Cultural area	Pavé Zone de disposition Zone de culture
ORT: Stockholm, Königliches Schloß (Ehrenhof) S		
DETAIL A Kiesel RAL 1015 Hellelfenbein Glatt	Pebble Light ivory Polished	Caillou Ivoire clair Lissé
DETAIL B Granit RAL 7034 Gelbgrau Rauh Behauen	Granite Yellow gray Rough Cuted	Granit Gris jaune Rugueux Taillé
DETAIL C Granit RAL 7035 Lichtgrau Rauh Behauen	Granite Light gray Rough Cuted	Granit Gris clair Rugueux Taillé
1 Übersicht 2 Objekt 3 Ansicht 4 Besondere Stellen 5 Varianten	General view Subject Full view Special positions Variations	Vue d'ensemble Objet Vue Positions spéciales Variantes

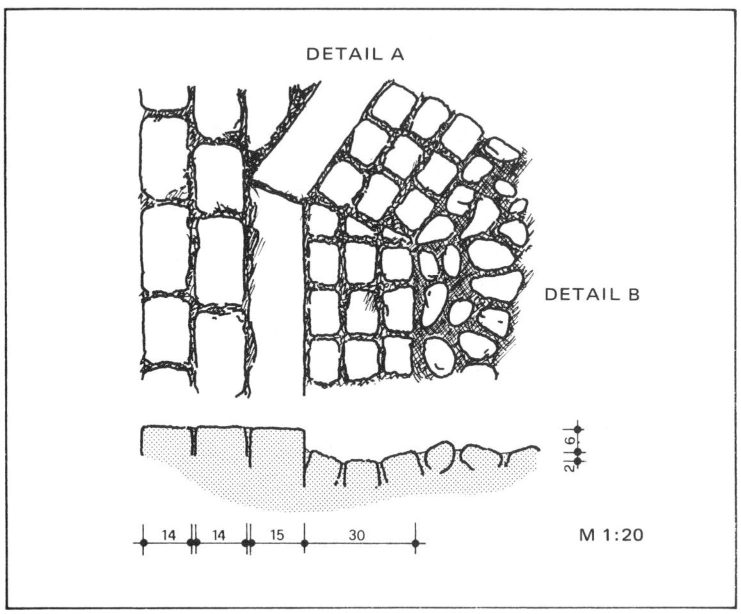

2

4

4

5

1

Bodenbelag	Floor covering	Pavé
Verfügungsbereich	Disposition area	Zone de disposition
Kulturzone	Cultural area	Zone de culture

ORT: Stockholm, Königliches Schloß (Ehrenhof), S.

DETAIL A		
Kiesel	Pebble	Caillou
RAL 1015 Hellelfenbein	Light ivory	Ivoir clair
Glatt	Polished	Lissé
DETAIL B		
Granit	Granite	Granit
RAL 7034 Gelbgrau	Yellow gray	Gris jaune
Rauh	Rough	Rugueux
Behauen	Cuted	Taillé
DETAIL C		
Granit	Granite	Granit
RAL 7035 Lichtgrau	Light gray	Gris clair
Rauh	Rough	Rugueux
Behauen	Cuted	Taillé

1 Übersicht	General view	Vue d'ensemble
2 Objekt	Subject	Objet
3 Ansicht	Full view	Vue
4 Besondere Stellen	Special positions	Positions spéciales
5 Varianten	Variations	Variantes

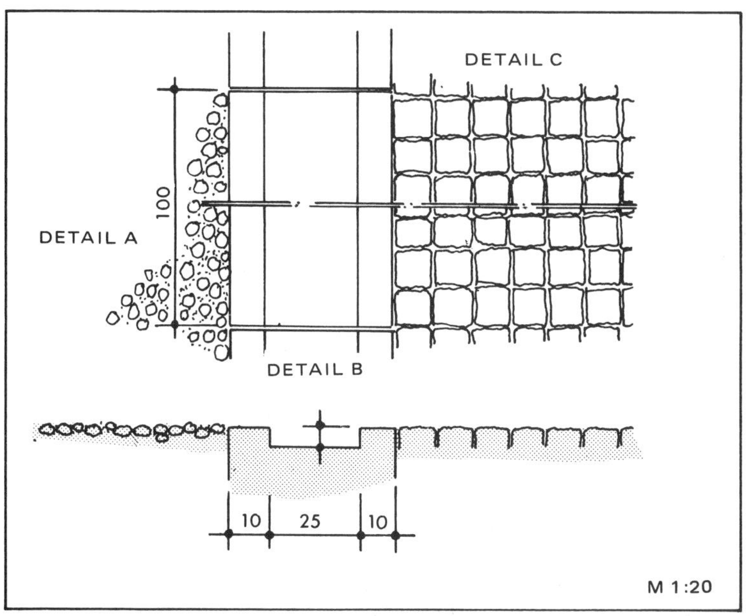

2

3

4

5

Granit und Kiesel, Gesteine, die befeuchtet ihren wahren Farbreichtum entfalten. Auch darauf läßt sich Gestaltung abstimmen. Das Nebeneinander von unterschiedlicher Oberflächenstruktur läßt gleiche Materialien in einem anderen Licht erscheinen. Das Fließen selbst auf den ausgebildeten und polierten Rinnsteinflächen wird gleichsam vorgeführt, indem man nicht den kurzen, runden Weg des Wassers wählt, sondern ihm ein geometrisches Bett baut nach den Gesetzen des architektonischen Raumes.

Granite and pebbles are stones which when moist unfold their true wealth of colour. Design can also be harmonized with this. The proximity of different surface structures allow similar materials to appear in another light. Even the flowing on the shaped and polished stone surface of the gutter as it were marked out: not choosing the shortest plainrest way of the water, but constructing a geometrical bed for the water according to the laws of architectural space.

Granite is the material for walking on for a whole country. Century old experiences are reflected, they are felt anew on the daily walk. So, the way belongs to these few things which characterize the town. Apart from the usual view whilst walking one recognizes the familiar sound and feels the smooth firmness under the soles.
New shapes absorb old experiences thankfully. This is also clear to the thoughtless visitor when at this point he has to pay attention to the way in order to climb up to a necessary height. All that we know about walking and stones is compressed in a very narrow space: into a stair. Not a single point has escaped the will of the designer. Each interstice, the size, position and surface of each stone seems to be taken seriously in this unimportant building.

Treppe-Mauer	Stair-Wall	Escalier-Mur
Verfügungsbereich	Disposition area	Zone de disposition
Fußgängerzone	Pedestrian area	Zone pour piétons

ORT: Aalborg, Algade, DK.,

DETAIL A		
Granit	Granite	Granit
RAL 8012 Rotbraun	Red brown	Brun rouge
RAL 8004 Kupferbraun	Copper brown	brun cuivre
RAL 3012 Beigerot	Beige red	Rouge beige
Rauh	Rough	Rugueux

1 Übersicht	General view	Vue d'ensemble
2 Objekt	Subject	Objet

Granit, das Material zum Begehen für ein ganzes Land. Jahrhunderte alte Erfahrungen schlagen sich nieder, werden beim täglichen Gang aufs Neue begriffen. So gehört der Weg hier zu jenen wenigen Dingen, an denen man die Stadt erkennt. Neben dem gewohnten Anblick kennt man den vertrauten Klang beim Gehen und spürt die glatte Härte unter den Sohlen.

Neuere Gestaltung nimmt hier die alten Erfahrungen dankbar auf. Das wird auch für den gedankenlosen Besucher deutlich, wenn er, wie an dieser Stelle, auf den Weg achten muß, um eine notwendige Höhe zu erklimmen. Auf engstem Raum ist hier alles, was man über das Gehen und den Stein weiß, zu einer Treppenanlage zusammengefaßt. Da gibt es keinen einzigen Punkt, der nicht vollkommen dem Gestaltungswillen des Planers unterworfen wurde. Jede Fuge, die Größe, Plazierung und Oberfläche eines jeden Steines scheint in diesem nebensächlichen Bauwerk ernstgenommen zu sein.

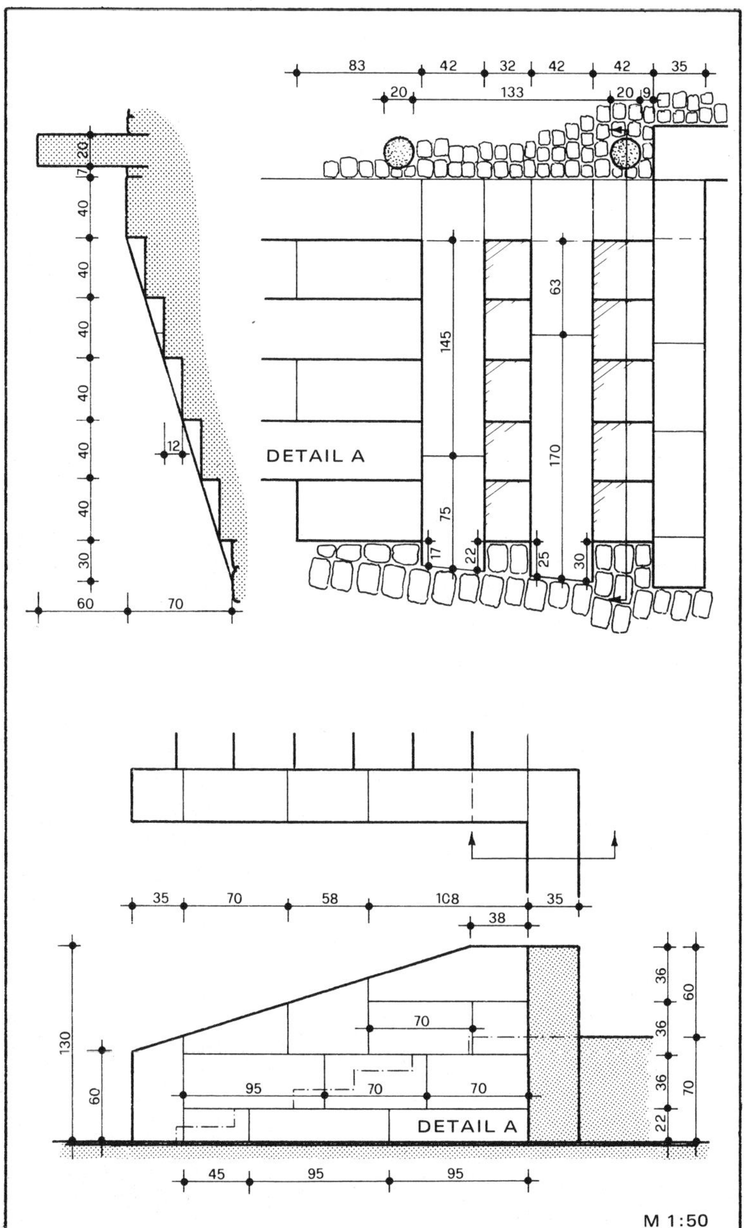

2

2

Baumscheibe, die ausgefallene Stelle im Pflaster mit den Problemen des Randes. Wie kann die Kante des Belages gegen den lockeren Boden um den Stamm gehalten werden, auch für das Auge? Hier sind im kritischen Eckpunkt zwei eigene Steinformate eingeführt, die den angrenzenden Steinen genügend Halt bieten können. (Hoffentlich bleibt diese Lösung auch bei der Neugestaltung des Platzes erhalten!)

Tree-discs — the distinctive spot in the paving with the problems of the border. How is it practically possible to retain the edge of the covering against the loose ground around the trunk and at the same time to satisfy the eye? Here, two particular stone sizes are introduced at the critical corner point which can give adequate support to the neighbouring stones. (Let us hope that this solution will also be preserved when the square is redesigned.)

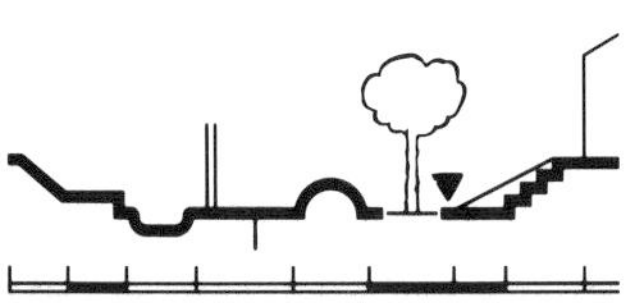

1

Baumscheibe	Root protection	Protéger des racines
Verfügungsbereich	Disposition area	Zone de disposition
Verkehrszone	Traffic area	Zone du trafic

ORT: Kopenhagen, Nyhaven, DK.,

DETAIL A		
Granit	Granite	Granit
RAL 8012 Rotbraun	Red brown	Brun rouge
RAL 8004 Kupferbraun	Copper brown	Brun cuivre
RAL 3012 Beigerot	Beige red	Rouge beige
Glatt	Polished	Lissé
Behauen	Cuted	Taillé

1 Übersicht	General view	Vue d'ensemble
2 Objekt	Subject	Objet
3 Ansicht	Full view	Vue
4 Besondere Stellen	Special positions	Positions spéciales
5 Varianten	Variations	Variantes

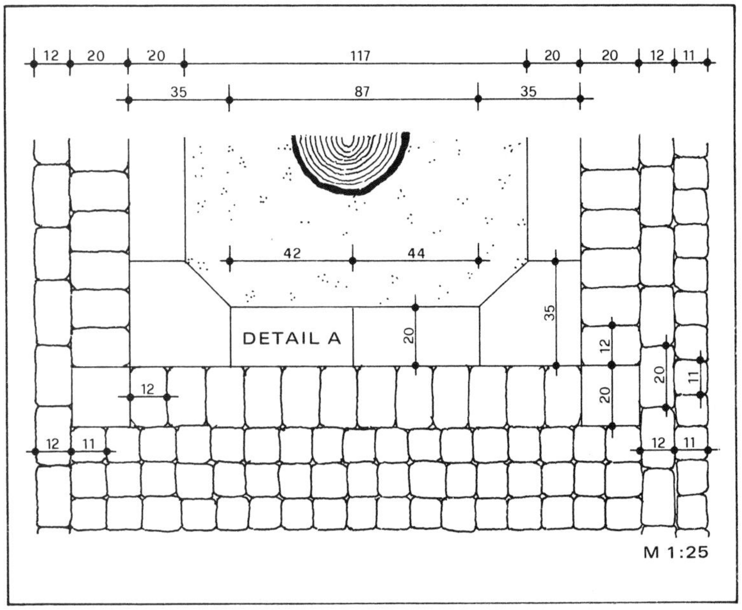

2

3

4

5

1

Bodenbelag	Floor covering	Pavé
Eingangsbereich	Entrance area	Zone d'entrée
Kulturzone	Cultural area	Zone de culture
ORT: Köln, Museum für Ostasiatische Kunst, D		
DETAIL A		
Ziegel	Brick	Brique
RAL 8011 Nußbraun	Nut brown	Brun noisette
RAL 8023 Orangebraun	Orange brown	Brun orangé
Rauh	Rough	Rugueux
Gebrannt	Baked	Cuite
1 Übersicht	General view	Vue d'ensemble
2 Objekt	Subject	Objet
3 Ansicht	Full view	Vue
4 Besondere Stellen	Special positions	Positions spéciales
5 Varianten	Variations	Variantes

Der Wert des Baumes läßt sich nicht allein dadurch unterstreichen, daß man die Gestalt alter Exemplare bei der Planung von Plätzen berücksichtigt und ihnen geeignete Lebensbedingungen gewährt. Die Stelle, an der ein Baum steht, ist ihrem Wesen nach etwas anderes als die übrige Fläche des Platzes. Hier wird die Verbindung hergestellt mit dem Grund, der sonst völlig verdeckt bleibt.

When planning squares, the value of a tree cannot only be underlined by considering the shape of old specimen and by offering them adequate living - conditions. The position where a tree stands has quite a different nature than the rest of the square surface. Here, a connection with the soil has been established which mostly remains covered.

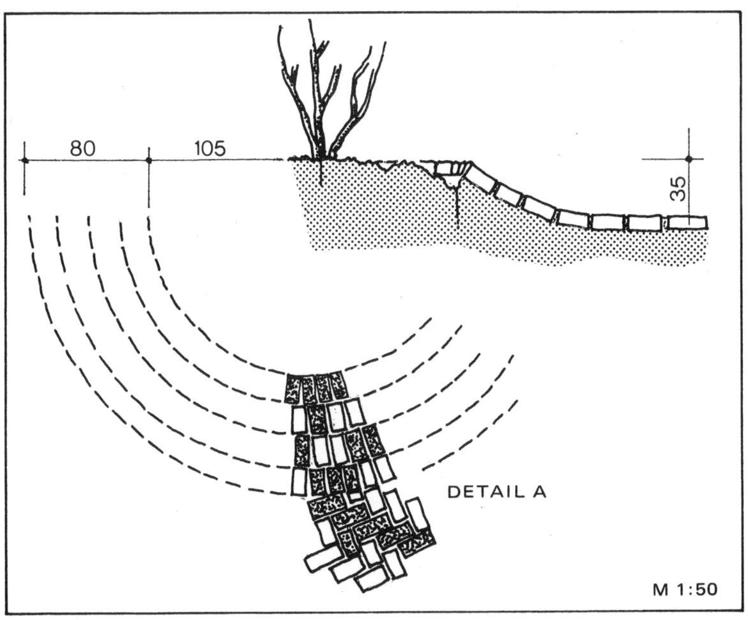

2

3

4

5

Ohne großen Aufwand lassen sich durch geplante Anordnung des Pflasters und durch sorgfältige Ausbildung die Fläche eines Platzes strukturieren, eine Mitte festlegen, die Ränder hervorheben und die anderen Gestaltungselemente einfassen.

Without great effort, but with carefully directed arrangement of the paving and by attentive development of the surface a square can be structured, a centre fixed, the edges underlined and the other design elements framed.

1

Bodenbelag	Floor covering	Pavé
Verfügungsbereich	Disposition area	Zone de disposition
Fußgängerzone	Pedestrian area	Zone p.l. piétons
ORT: Frankfurt a/M, Kaiserstraße, D		
KONZEPTION: Stadt Frankfurt		
DETAIL A		
Porphyr		
RAL 3009 Oxydrot	Oxide red	Rouge oxyde
Glatt	Polished	Lissé
Gesägt	Sawed	Scié
Bruch rauh		
DETAIL B		
Ulmerweiß		
RAL 9001 Cremweiß	Cream	Blanche crème
Glatt	Polished	Lissé
Behauen	Cuted	Taillé
1 Übersicht	General view	Vue d'ensemble
2 Objekt	Subject	Objet
3 Ansicht	Full view	Vue
4 Besondere Stellen	Special positions	Positions spéciales
5 Varianten	Variations	Variantes

2

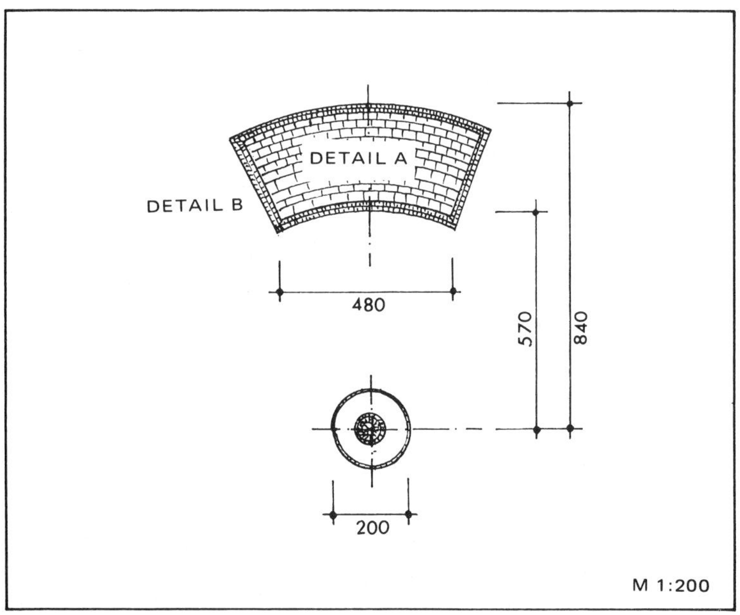

3

4

5

1

Bodenbelag	Floor covering	Pavé
Eingangsbereich	Entrance area	Zone d'entrée
Grünzone	Green area	Zone verte
ORT: Einbeck. Sparkasse. D		
DETAIL A		
Kalksandstein	Lime sandstone	Chaux grès dur
RAL 9002 Grauweiß	Gray white	Blanc gris
Rauh	Rough	Rugueux
Behauen	Cuted	Taillé
DETAIL B		
Buntsandstein	New-red sandstone	Grès bigarré
RAL 3012 Beige rot	Beige red	Rouge beige
RAL 3011 Braunrot	Brown red	Rouge brun
Rauh	Rough	Rugueux
Gesägt	Sawed	Scié
1 Übersicht	General view	Vue d'ensemble
2 Objekt	Subject	Objet
3 Ansicht	Full view	Vue
4 Besondere Stellen	Special positions	Positions spéciales
5 Varianten	Variations	Variantes

Kleinpflaster und Platten aus Sandstein, der vor Ort ansteht und dem man überall begegnet, wird der Vorzug gegeben vor den härteren Steinen aus fremden Brüchen. Man wird schon bald die Spuren der Benutzung wahrnehmen und die der Witterung, Altern ist mit eingeplant, sorgfältige Pflege und die absehbare Veränderung.
Das sind alles Aspekte, in denen man sich auskennt in dieser Gegend. Sie gehören zum Bild der Landschaft und zum täglichen Leben.

Preference is given to little paving-stones and slabs of native sandstone over harder stones from foreign quarries. Very soon the marks of use and weathering will be perceived, ageing, careful maintenance and the predictable change are included in the planning. All these are aspects with everybody in this region is familiar. They belong to the character of the landscape and to the daily life.

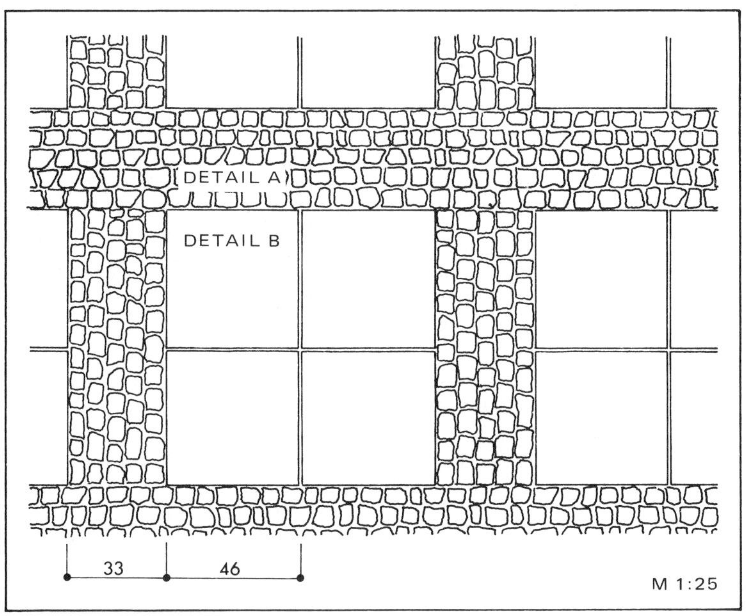

2

3

4

5

Public Areas

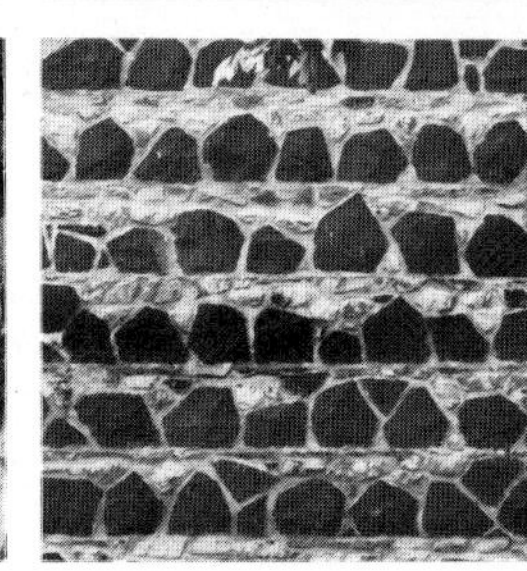

Anlagen

Sometimes it is possible to add a totally new idea without tradition to the townscape, this means to pursue a long-hoped-for desire of the inhabitants to realize a dream or to bring in a southern experience and to stamp it into the given situation without losing the character of the thing.
Parts of shore in Zurich, the place where under favourable conditions southern quotations are transposed into an adequate language of forms. The new idea is presented by very economic means. Especially the big blocks of stone, joined only by their enormous weight speak the simple language of the limbs. Design is abstracted to few eal things: walking, climbing, protecting, resting. In addition the great freedom for everyone to approach the stone in his own way.

1

Mauer	Wall	Mur
Bodenbelag	Floor covering	Pavé
Sitzbereich	Seating area	Zone de siège
Grünzone	Green area	Zone verte
ORT: Zürich, Seeufer, CH		
DESIGN: Willi Neukom		
DETAIL A		
Sandstein	Sandstone	Grès dure
RAL 7033 Zementgrau	Cement gray	Gris ciment
RAL 7036 Platingrau	Platinum gray	Gris platine
RAL 1000 Grünbeige	Green beige	Beige vert
RAL 1020 Olivgelb	Olive yellow	Jaune olive
Rauh	Rough	Rugueux
Gesägt	Sawed	Scié
1 Übersicht	General view	Vue d'ensemble
2 Objekt	Subject	Objet
3 Ansicht	Full view	Vue
4 Besondere Stellen	Special positions	Positions spéciales
5 Varianten	Variations	Variantes

Manchmal gelingt es, einen ganz neuen Gedanken ohne jede Tradition, in das Stadtbild einzufügen, einem langgehegtem Wunsch der Bewohner folgend, einen Traum zu verwirklichen oder eine südliche Erfahrung einzubringen und sie auf die gegebene Situation umzumünzen, ohne dabei das Wesen der Dinge zu verlieren.
Teile des Seeufers in Zürich sind der Ort, an dem unter glücklichen Umständen südliche Zitate in eine eigene Formsprache übertragen wurden. Der neue Gedanke wird mit äußerst sparsamen Mitteln vorgestellt. Die großen Steinblöcke sind es vor allem; ohne Mörtel, allein durch ihr großes Gewicht verbunden, sprechen sie die einfache Sprache der Gliedmaßen. Gestalt nimmt sich zurück bis auf das, was für alle wahr bleibt: Gehen, Steigen, Schützen, Ruhen. Dazu die große Freiheit für jeden, sich den Steinen auf seine Weise anzunähern.

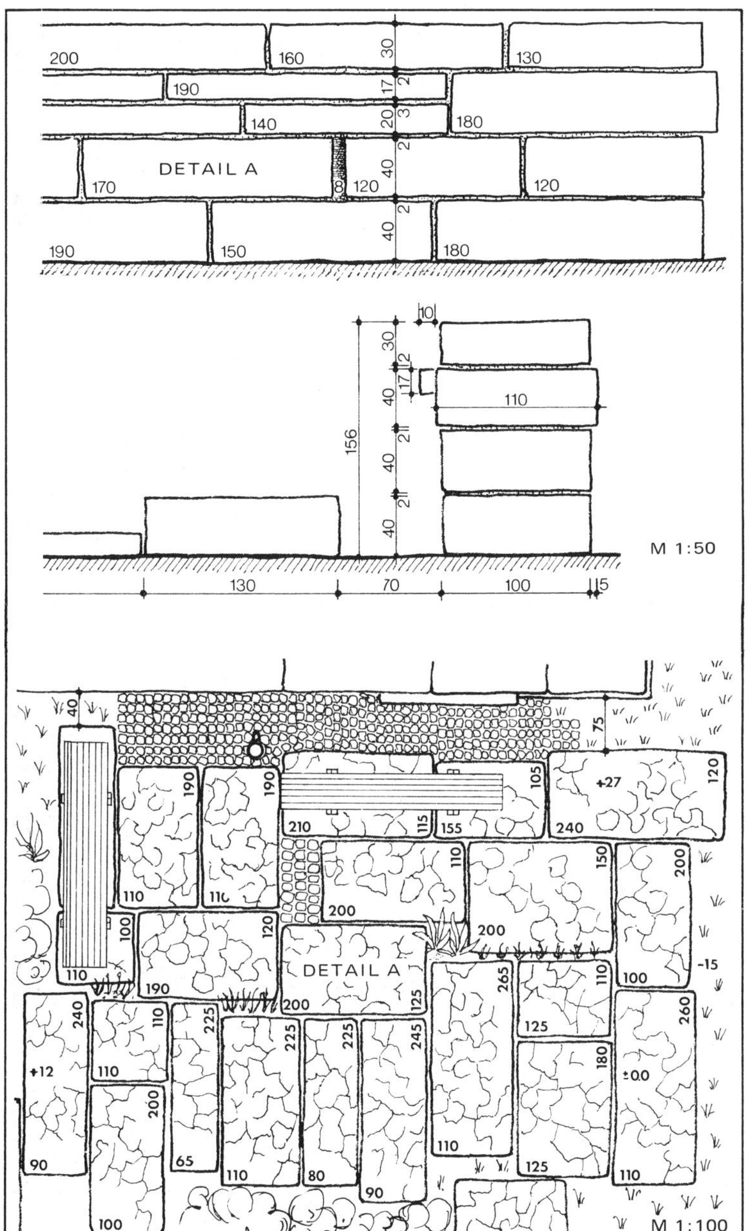

2

Die Gestalt der Anlage wird von dem Gedanken getragen, insbesondere seh- und gehbehinderten Besuchern von Grünanlagen dienlich zu sein. Für den Gesunden ergibt sich ein abgerundetes Bild, bestimmt durch den Einsatz von Porphyr am Boden und im gleichen Format in der Wand. Für den, der sich mehr auf seine Hände verlassen muß, wünschte man sich eine eindeutigere Ausbildung der besonderen Stellen wie Ecke und Abdeckung am oberen Rand der Mauer und deutlichere Höhenversprünge zwischen den einzelnen Beeten.

The design of the grounds bears in mind particularly those visitors to »Grünanlagen« who are hampered in walking and vision. For the healthy visitor a well-rounded view presents itself, determined by the application of porphyry at the ground and in the same format in the wall. For those who have to rely on their hands a more definite formation of the particular points such as the corner and the covering of the upper edge of the wall would be desirable as well as clearer differences in height between the beds.

Bodenbelag-Mauer	Floor covering-Wall	Pavé-Mur
Ausstellungsbereich	Exhibition area	Zone d'exposition
Grünzone	Green area	Zone verte

ORT: Basel, Grün 80, CH.,
Garten der Begegnung
Garden of encounter
Jardin des rencontres
DESIGN: Willi Neukom, Dölf Zürcher und Partner
DETAIL A
Porphyr Alto Adige

RAL 3014 Altrosa	Antique pink	Vieux rose
Rauh	Rough	Rugueux
Geschlagen	Processed	Frappé

1 Übersicht	General view	Vue d'ensemble
2 Objekt	Subject	Objet
3 Ansicht	Full view	Vue
4 Besondere Stellen	Special positions	Positions spéciales
5 Varianten	Variations	Variantes

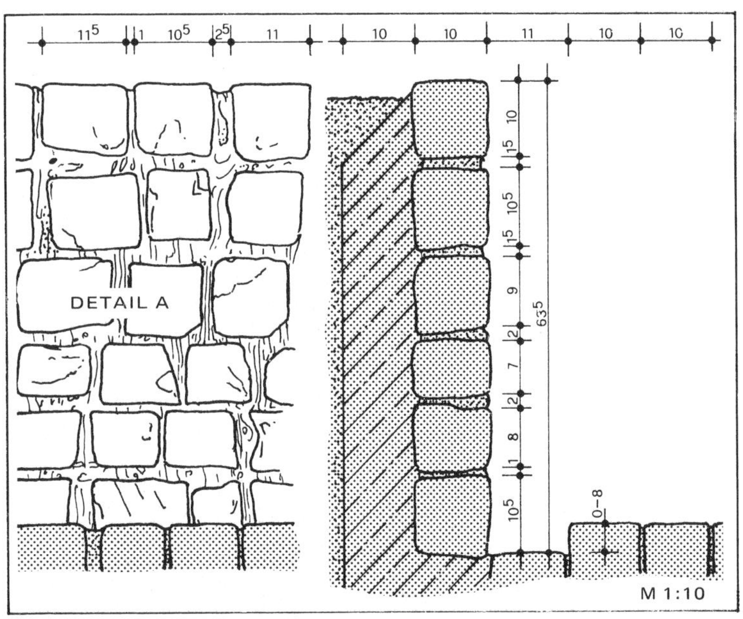

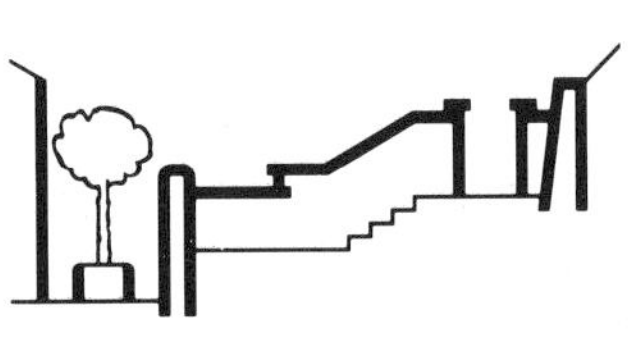

3

4

5

1

Bodenbelag-Mauer	Floor covering-Wall	Pavé-Mur
Ausstellungsbereich	Exhibition area	Zone d'exposition
Grünzone	Green area	Zone verte

ORT: Basel, Grün 80, CH.,
Tessiner Garten
Ticino garden
Jardin tessinois
DESIGN: Willi Neukom, Dölf Zürcher und Partner
DETAIL A

Tessiner Granit	Ticino granite	Granit du Tessin
RAL 7035 Lichtgrau	Lightgray	Gris clair
RAL 7039 Quarzgrau	Quartzgray	Gris quartz
Rauh	Rough	Rugueux
Gesägt	Sawed	Scié

1 Übersicht	General view	Vue d'ensemble
2 Objekt	Subject	Objet
3 Ansicht	Full view	Vue
4 Besondere Stellen	Special positions	Positions spéciales
5 Varianten	Variations	Variantes

Eine Landschaft wird zitiert: Tessin. Geschickte Hände haben mit der Bearbeitung des harten Steins das Bild transportiert, das wir aus dem Verzascatal kennen. Das Material spiegelt die Mühen wider, unter denen auch das Original entstand. Es fehlt dagegen das notwendige Bedürfnis, Gelände abzustützen und steile Hänge überwinden zu müssen.

A landscape is quoted Ticino. Dexterous hands have by hewing of the hard stone transported the picture which we already know from the valley of Verzasca. The material reflects the toil from which the original also arose. But it lacks the necessary want to support soil and to surmount steep slopes.

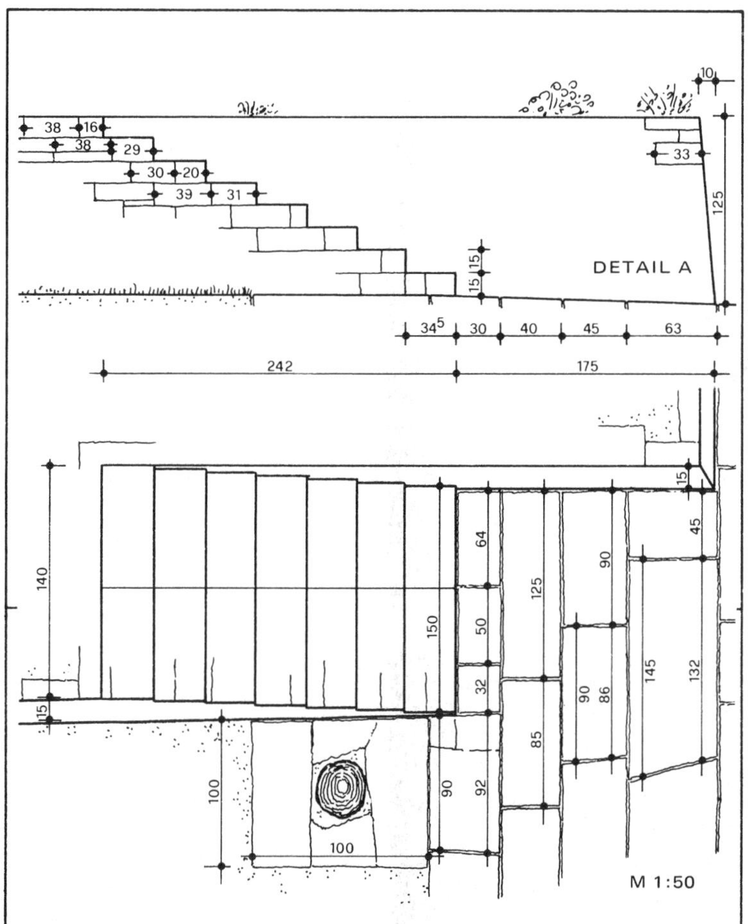

2

4

4

5

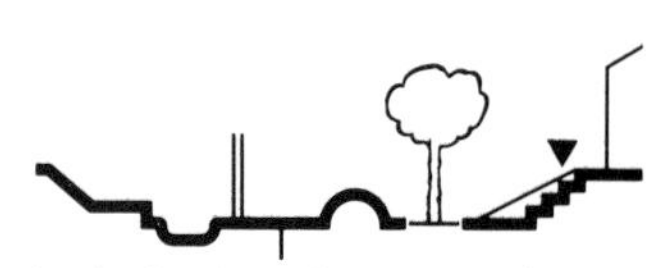

Pebbles, pine-trees, sand, water. We know regions which possess nothing more than these elemental things and with their help necessary walls can be built. This can be copied, wings can be made from it which is very simple when the same stones are used. In a plann-ed holiday park the elements change their original meaning, they have become objects of edification. Their charm which can be perceived by the senses is of importance, they act as signs, as gesture or hint. That is why the unvisible nucleus of concrete which is binding the pebbles together with unusual slenderness does not disturb.

1

Mauer	Wall	Mur
Ausstellungsbereich	Exhibition area	Zone d'exposition
Grünzone	Green area	Zone verte

ORT: Basel, Grün 80, CH.,
Juragärten
Jura garden
Jardins jurassiens
DESIGN: Willi Neukom, Dölf Zürcher und Partner

DETAIL A

Kiesel	Pebble	Caillou
RAL 1000 Grünbeige	Green beige	Beige verte
RAL 1001 Beige	Beige	Beige
RAL 1002 Sandgelb	Sandyellow	Jaune sable
RAL 1024 Ockergelb	Ochre yellow	Jaune terre de sienne
Glatt	Polished	Lissé
(Geschlagen)	(Processed)	(Frappé)

1 Übersicht	General view	Vue d'ensemble
2 Objekt	Subject	Objet
3 Ansicht	Full view	Vue
4 Besondere Stellen	Special positions	Positions spéciales
5 Varianten	Variations	Variantes

Kiesel, Kiefern, Sand, Wasser. Wir kennen Gegenden, die nichts anderes besitzen als diese elementaren Dinge, mit denen sie auch ihre notwendigen Mauern bauen. Das läßt sich abbilden, davon lassen sich Kulissen erstellen, besonders einfach, wenn die gleichen Steine verwendet werden. In einer geplanten Freizeitanlage verändern die eingebrachten Elemente ihre ursprüngliche Bedeutung, sie sind Gegenstände der Erbauung geworden. Es zählt ihr mit den Sinnen wahrnehmbarer Reiz, sie fungieren als Zeichen, als Gebärde oder Fingerzeig. So stört auch der unsichtbare Betonkern nicht, der die Kiesel in ungewohnter Schlankheit zusammenhält.

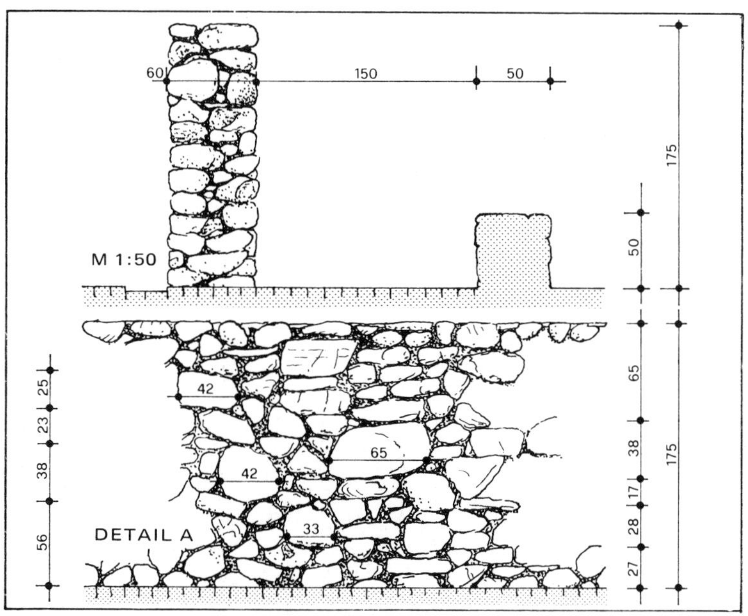

2

3

4

5

In contrast to the grounds at the shore in Zurich (page 79) here blocks of sand-stone are carefully laid. The dimensions of the single stones have to be small in order to build well-arranged, small spaces. Because they are as tall as a man, the walls prevent an overview. The effect of the wall remains inwardly directed and restricted to the palpable nearness of the stone. When it is planted the stone background has to be included. Due to the urban structure the onlooker is addressed at every point. It seems as if he himself shifts nearly the crucial point of the grounds and disturbs the balance by walking. The photographer waits until the space is empty in order to take a photo of the stones in suspense.

1

Mauer	Wall	Mur
Ausstellungsbereich	Exhibition area	Zone d'exposition
Grünzone	Green area	Zone verte

ORT: Basel, Grün 80, CH.,
Sandsteingarten
Sandstone garden
Jardins grès durs
DESIGN: Willi Neukom, Dölf Zürcher und Partner

DETAIL A		
Bodensee-Sandstein	Sandstone	Grès
RAL 1000 Grünbeige	Green beige	Beige vert
RAL 1014 Elfenbein	Ivory	Ivoire
RAL 7034 Gelbgrau	Yellow gray	Gris jaune
Rauh	Rough	Rugueux
Gesägt	Sawed	Scié

1 Übersicht	General view	Vue d'ensemble
2 Objekt	Subject	Objet
3 Ansicht	Full view	Vue
4 Besondere Stellen	Special positions	Positions spéciale
5 Varianten	Variations	Variantes

Im Gegensatz zu der Anlage am Züricher Seeufer (Seite 79) sind hier die Sandsteinblöcke sorgfältig zu Mauerpaketen verlegt. Die Abmessungen der einzelnen Steine müssen geringer sein, um geordnete kleine Räume bilden zu können. Mannshoch verwehren die Wände den Überblick. Die Wirkung der Mauern bleibt nach innen gerichtet und auf die greifbare Nähe zum Stein beschränkt. Bei der Bepflanzung muß der steinerne Hintergrund einbezogen werden. Der Betrachter selbst fühlt sich bei dieser urbanen Struktur an jeder Stelle betroffen. Als wenn er durch seine Person beim Gehen den Schwerpunkt der ganzen Anlage verlagert und das Gleichgewicht stört. Der Fotograf wartet bis sich der Raum entleert hat, um die Steine in der Schwebe aufzunehmen.

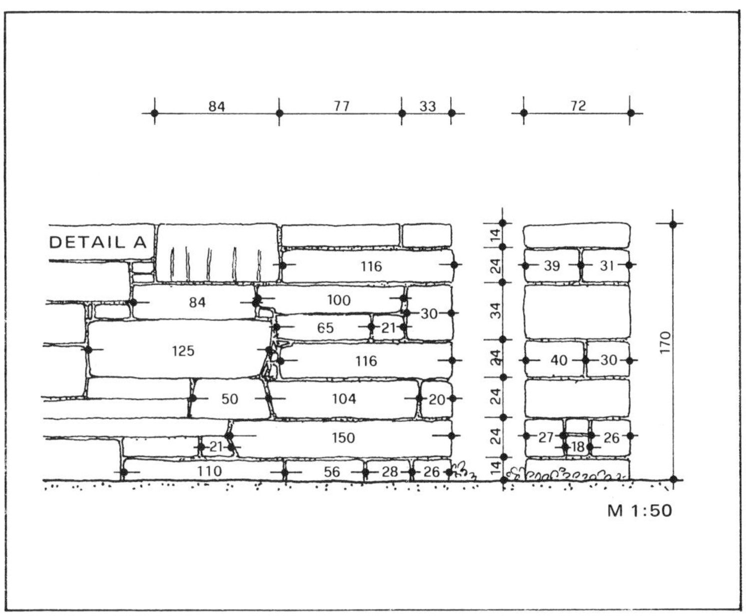

2

3

4

5

Betonstufen. Die Probleme des Geländes werden durch die Pflasterung gelöst: Steigendes Gelände, Randausbildung und notwendige Versprünge. Die vorgefertigten künstlichen Teile scheinen im Naturstein zu schwimmen, der sie in die sanfte Wellenbewegung des Hanges zurückholt.

Concrete steps. The problems of the terrain are solved by the paving: rising terrain, border formation and necessary ledges. The perfabricated artificial parts seem to swim in the stone which retrieve in the smooth undulations of the slope.

1

Treppe	Stair	Escalier
Freizeitzone	Recreation area	Zone de récréation
Grünzone	Green area	Zone verte
ORT: Stuttgart, Unterer Schloßgarten. D		
DETAIL A		
Granit	Granite	Granit
RAL 7034 Gelbgrau	Yellow gray	Gris jaune
RAL 1001 Beige	Beige	Beige
Rauh	Rough	Rugueux
DETAIL B		
Basalt	Basalt	Basalte
Grauwacke	Graywacke	Grès des houillères
Granit	Granite	Granit
RAL 7031 Blaugrau	Blue gray	Gris bleu
RAL 7037 Staubgrau	Dusty gray	Gris poussière
RAL 7035 Lichtgrau	Light gray	Gris clair
Glatt	Polished	Lissé
1 Übersicht	General view	Vue d'ensemble
2 Objekt	Subject	Objet
3 Ansicht	Full view	Vue
4 Besondere Stellen	Special positions	Positions spéciales
5 Varianten	Variations	Variantes

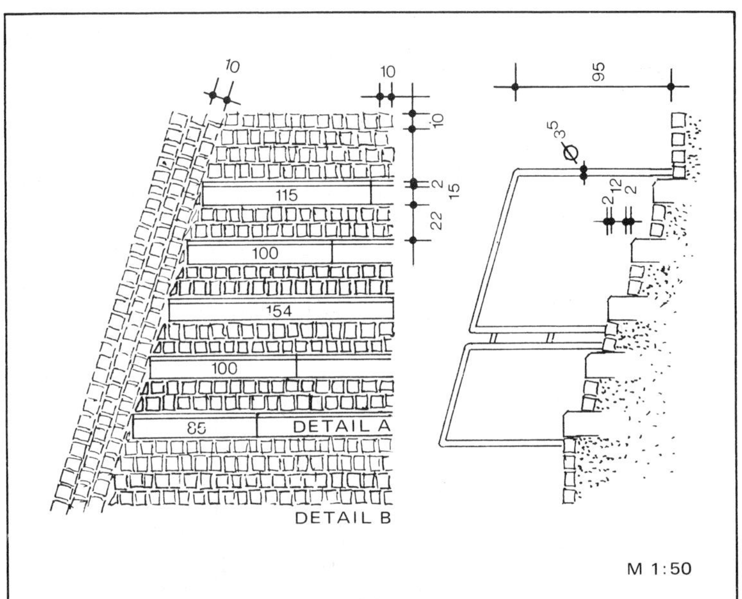

2

3

4

5

Mauer	Wall	Mur
Übergangsbereich	Transition area	Zone de transition
Grünzone	Green area	Zone verte
ORT: Aachen, Burtscheid, Dammstraße, D		
KONZEPTION: Stadt Aachen		
DESIGN: Hans Kaldenbach		
DETAIL A		
Ziegel	Brick	Brique
RAL 3011 Braunrot	Brown red	Rouge brun
RAL 2001 Rotorange	Red orange	Orange rouge
Rauh	Rough	Rugueux
Gebrannt	Baked	Cuite
DETAIL B		
Kalk	Lime	Cliaux
RAL 9002 Grauweiß	Gray white	Blanc gris
Rauh	Rough	Rugueux
Behauen	Cuted	Taillé
1 Übersicht	General view	Vue d'ensemble
2 Objekt	Subject	Objet
3 Ansicht	Full view	Vue
4 Besondere Stellen	Special positions	Positions spéciales
5 Varianten	Variations	Variantes

Die einzelnen Teile der Mauer sind alt. Sie ruhten sehr lange in zwei anderen Gefügen und hielten den Blicken stand, bis Bomben den Verband auseinanderrissen. Die neue Gestaltung sieht Ziegel und Bruchstein zum ersten Mal in einer Mauer vereint. Es wird erwartet, daß sie hierbei ihre alten Erfahrungen einbringen können.

The single parts of the wall are old. They rested for a very long time in two other structures and withstood the people's gaze until bombs tore the binding apart. The new design combines bricks and quarrystones in a wall. It is to be expected that they bring their old experiences with them.

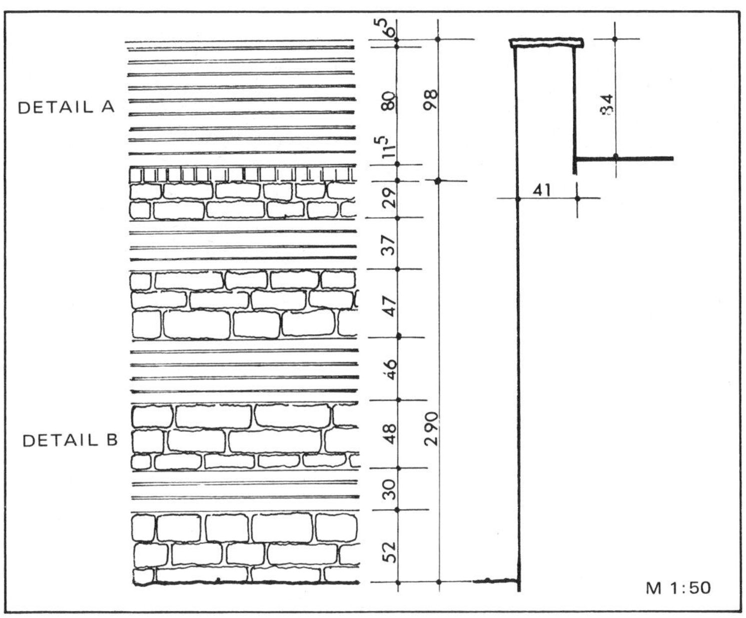

2

3

4

5

A series of red disks of stone — close together above head height · slope with the incline of the country. They confine the view of the landscape to a restricted section which the eye needs for comparison and as horizon when it tries out the new nearness.
Not only the choice of the material which we already meet in the valley, but also the invented trimmings, the fastened ornaments out of wooden ladders and poles, iron hooks and cramps delineate an old idea from our childhood. Here the word wall is being played with. Finally, in front of this background the richness and splendour of the appropriate flowers unfold. This omission of the landscape occurs six consecutive times.

1

Mauer	Wall	Mur
Ausstellungsbereich	Exhibitions area	Zone d'exposition
Grünzone	Green area	Zone verte

ORT: Baden-Baden, D.,
Landesgartenschau 1981
State garden show 1981

DESIGN: Hans Luz und Partner
DETAIL A

Buntsandstein	New-red sandstone	Grès bigarré
RAL 3012 Beigerot	Beige red	Rouge beige
RAL 3022 Lachsrot	Salmon pink	Rouge soumon
Rauh	Rough	Rugueux
Behauen	Cuted	Taillé

1 Übersicht	General view	Vue d'ensemble
2 Objekt	Subject	Objet
3 Ansicht	Full view	Vue
4 Besondere Stellen	Special positions	Positions spéciales
5 Varianten	Variations	Variantes

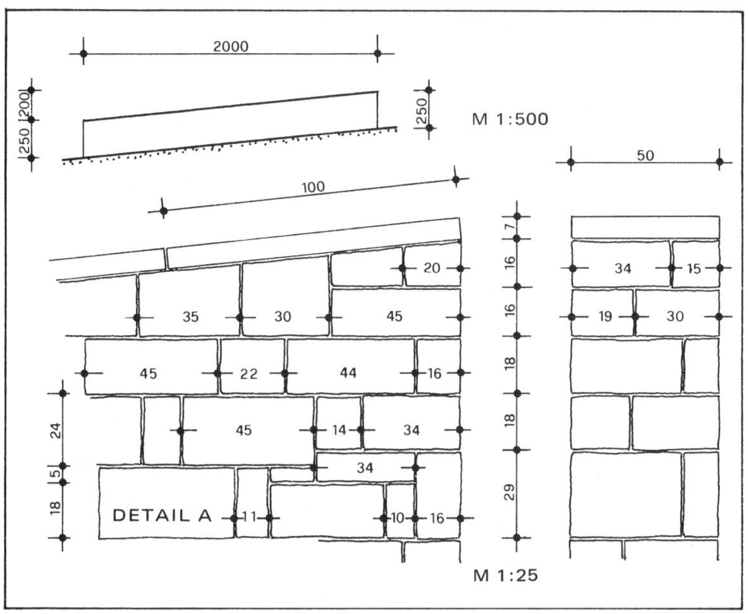

2

3

4

5

Eine Reihe von roten Steinscheiben, dicht beieinander, über Kopf hoch, fallen mit der Neigung des Geländes, engen den freien Blick in die Landschaft ein bis auf einen begrenzten Ausschnitt, den das Auge braucht zum Vergleich und als Horizont, wenn es die neue Nähe ausprobiert. Nicht nur in der Wahl des Materials, das uns bereits im Tal begegnete, auch die erfundenen Zutaten, der befestigte Zierat aus hölzernen Leitern und Stangen, eisernen Haken und Klammern, umschreiben einen alten Begriff unserer Kindheit. Hier wird mit dem Wort Mauer gespielt. Vor diesem Hintergrund schließlich entfaltet sich die Fülle und Pracht der passenden Blumen. Sechsmal hintereinander ereignet sich diese Aussparung der Landschaft.

Aus den nicht mehr zuweisbaren Trümmern der alten Stätte ist eine Mauer errichtet. Die herumliegenden Reste bilden jetzt als Teilstücke einen aufrechten Verband, die einzige feststehende Form im sonst flachen Ruinenfeld.

A wall is erected from unidentified remnants of the old place. The remains lying scattered on the floor now form parts of an upright binding which is the only accomplished form in the otherwise plain field of ruins.

1

Mauer Kunstobjektbereich Kulturzone	Wall Art area Cultural area	Mur Zone d'objet d'art Zone de culture
ORT: Athen, Agora, GR		
DETAIL A Marmor RAL 7032 Kieselgrau Glatt	 Marble Pebble gray Polished	 Marbre Gris silex Lissé
DETAIL B Kalk RAL 7034 Gelbgrau Rauh	 Lime Yellow gray Rough	 Chaux Gris jaune Rugueux
DETAIL C Ziegel RAL 7034 Gelbgrau Rauh	 Brick Yellow gray Rough	 Brique Gris jaune Rugueux
1 Übersicht 2 Objekt 3 Ansicht 4 Besondere Stellen 5 Varianten	General view Subject Full view Special positions Variations	Vue d'ensemble Objet Vue Positions spéciales Variantes

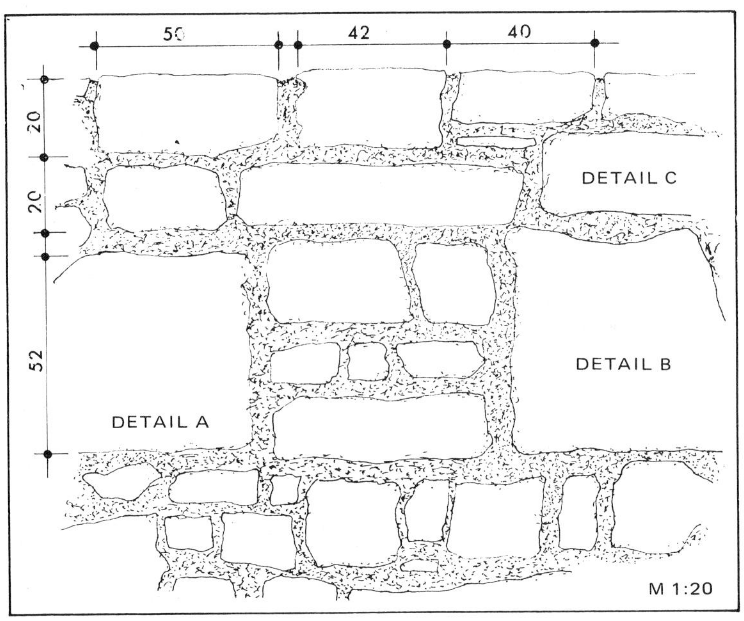

2

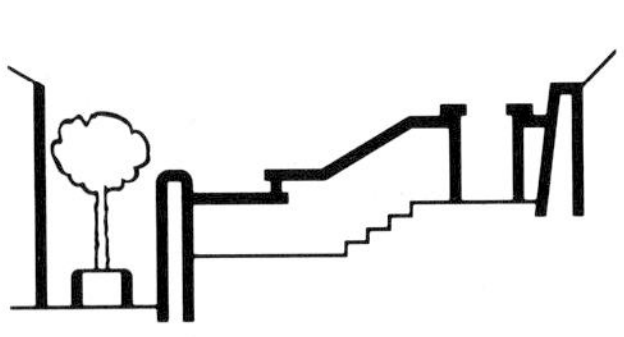

3

4

5

1

Mauer	Wall	Mur
Eingangsbereich	Entrance area	Zone d'entrée
Kulturzone	Cultural area	Zone de culture
ORT: Delphi, Aufgang zum Tempel, Gr		
DETAIL A		
Ziegel	Brick	Brique
RAL 2008 Hellrotorange	Light red orange	Orangé rouge clair
Rauh	Rough	Rugueux
Gebrannt	Baked	Cuite
DETAIL B		
Kalk	Lime	Chaux
RAL 7032 Kieselgrau	Pebble gray	Gris silex
Rauh	Rough	Rugueux
Gebrochen	Broken	Cassé
1 Übersicht	General view	Vue d'ensemble
2 Objekt	Subject	Objet
3 Ansicht	Full view	Vue
4 Besondere Stellen	Special positions	Positions spéciales
5 Varianten	Variations	Variantes

2

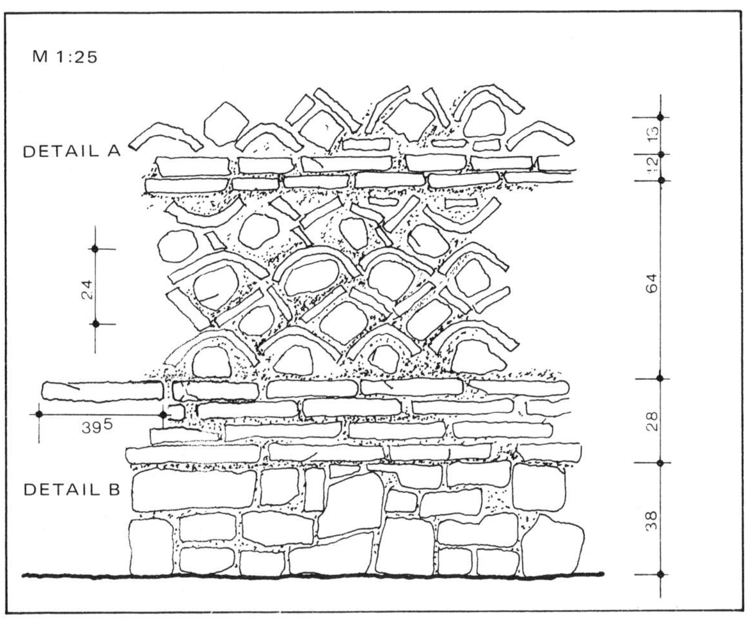

3

4

5

Wie ein Aufschluß im Steinbruch erscheint uns die aus Ziegelresten und Steinstücken gemauerte Wand im Eingangsbereich des Heiligtums. Sie steht im krassen Gegensatz zu den großen hellen Quadern der Tempel, die uns gleich erwarten. Hier blitzt noch schnell in hellroten Scherben durch, daß es sich um ein Menschenwerk handelt, gestaltet und von Hand gemacht.

The wall made out of the remains of bricks and parts of stone in the entrance of the sanctuary appear to us like an exposure in the quarry. It stands in glaring contrast to the big, bright square stone of the temples which shortly awaits us. Here, the flashing of light-red fragments quickly enlightens us that here is a work of man, created and made by hand.

In den Säulen suchen wir nach den Ursprüngen unserer Geschichte. In den einzelnen Steinen finden wir überall die Spuren dafür, daß sich auch die Gestalter vergangener Zeiten im Detail mit den immer gleichen Problemen plagten: Richtige Neigung, Standfestigkeit, Rutschfestigkeit, Ausbildung des Randes, Anordnung der Fugen usw.

In the columns we look for the origins of our history. All over, in the single stones we find traces which proves that also the designer of former times was played by the same problems: correct inclines, stability, protection against slipping, formation of the edge, arrangement of the interstices etc.

1

Rampe	Ramp	Rampe
Ausstellungsbereich	Exhibitions area	Zone d'exposition
Kulturzone	Cultural area	Zone de culture
ORT: Delphi, Apollotempel, GR.,		
DETAIL A		
Marmor	Marble	Marbre
Kalk	Lime	Chaux
RAL 1013 Perlweiß	Oysterwhite	Blanc perlé
RAL 1015 Hellelfenbein	Light ivory	Ivoire clair
Rauh	Rough	Rugueux
Behauen	Cuted	Taillé
1 Übersicht	General view	Vue d'ensemble
2 Objekt	Subject	Objet
3 Ansicht	Full view	Vue
4 Besondere Stellen	Special positions	Positions spéciales
5 Varianten	Variations	Variantes

2

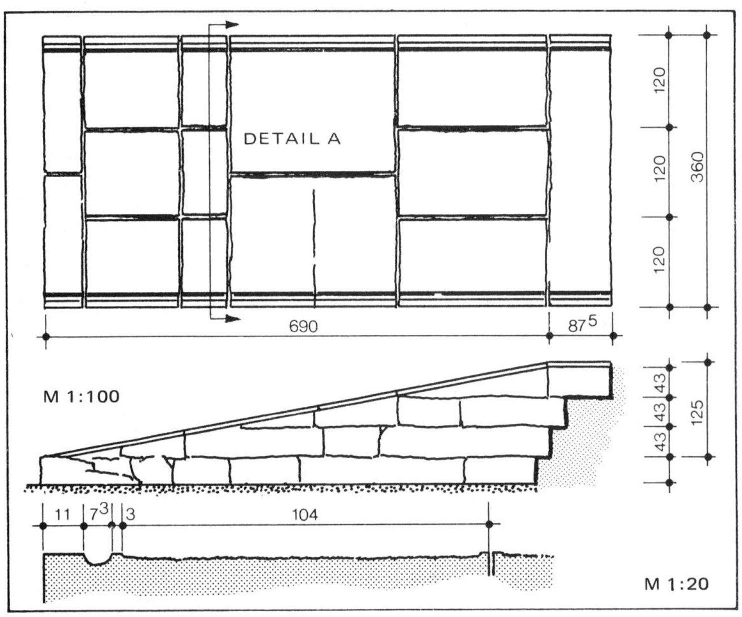

3

4

5

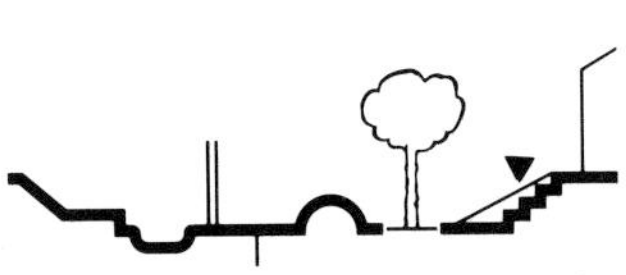

1

Begrenzung	Limit	Limitation
Ausstellungsbereich	Exhibition area	Zone d'exposition
Kulturzone	Cultural area	Zone de culture
ORT: Delphi, Halle der Athener Polygonal-Mauer, GR		
DETAIL A		
Marmor	Marble	Marbre
Kalk	Lime	Chaux
RAL 1013 Perlweiß	Oysterwhite	Blanc perle
RAL 1015 Hellelfenbein	Light ivory	Ivoire clair
Rauh	Rough	Rugueux
Behauen	Cuted	Taillé
1 Übersicht	General view	Vue d'ensemble
2 Objekt	Subject	Objet
3 Ansicht	Full view	Vue
4 Besondere Stellen	Special positions	Positions spéciales
5 Varianten	Variations	Variantes

2

Die Wand als Träger im weitesten Sinne. Sie trägt sich selbst und die aufgebürdeten Lasten. Die helle Haut gerät zum Grund. Die Schatten der enggeschriebenen Worte bekleiden den nackten Stein. Das Sehen und Lesen erleichtert die Wand trotz der Schwere ihrer unregelmäßigen Glieder.

The wall as support in the broadest sense. It supports itself and the loads. The clear skin blends into the ground. The shades of the narrow written words clothe the naked stone. Seeing and reading lightens the wall in spite of the heaviness of its irregular limbs.

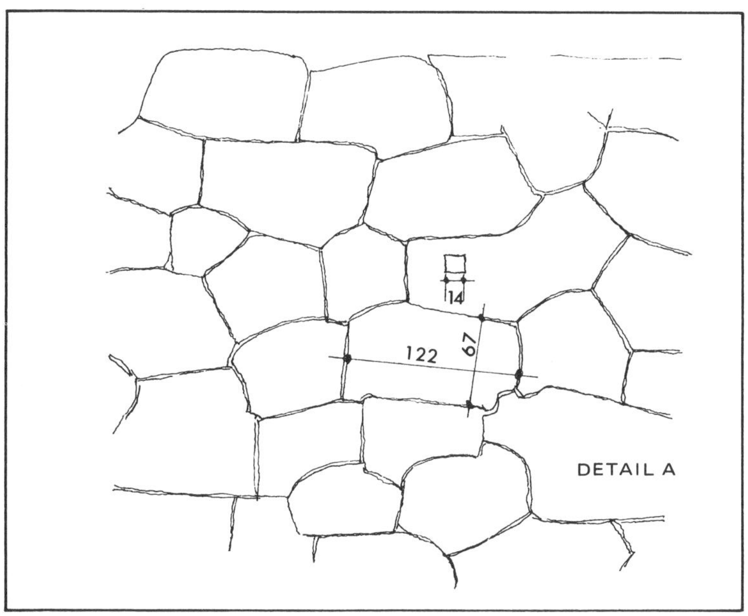

3

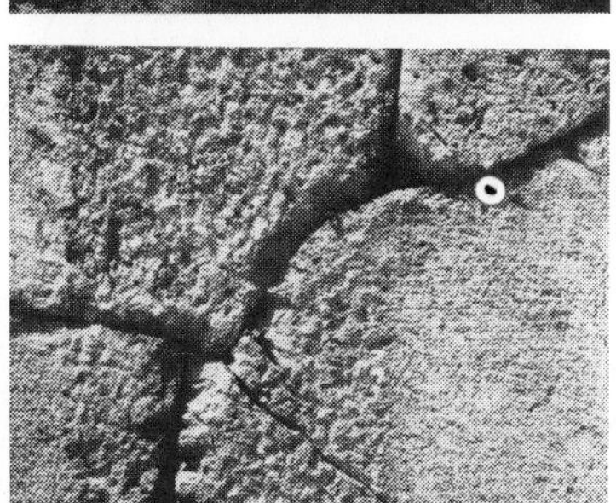

4

5

Die zentralen Parkanlagen um das Schloß sind durch eine hohe Mauer eingefriedet. Im Material ist sie den Häusern, die sie von den grünen Flächen trennt, angepaßt, Ziegelmauerwerk und die schräge Abdeckung aus Dachpfannen. Sie stellt aber kein ernsthaftes Hindernis dar und ist leicht zu überschreiten, doch als Zeichen bleibt sie unübersehbar.

The central gardens around the castle are hedged by a high wall. The material is fitted to the houses which separate the wall from the green surfaces — a wall of bricks and the inclined covering out of roof tiles. The wall does not represent a serious obstacle and it is easy to go beyond, but as a sign it cannot be ignored.

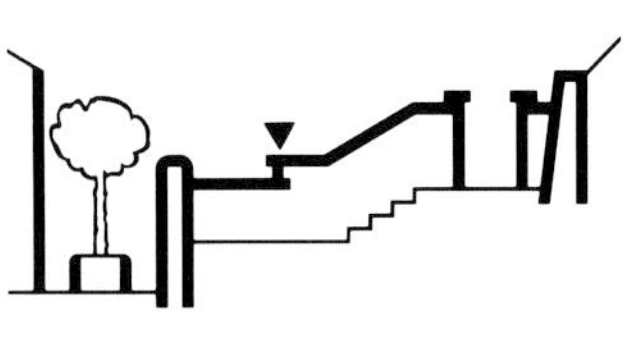

Mauer	Wall	Mur
Grenzbereich	Limitation area	Zone de limitation
Grünzone	Green area	Zone verte
ORT: Kopenhagen, Slovgade, DK., Rosenburg Have		
DETAIL A		
Ziegel	Brick	Brique
RAL 2001 Rotorange	Redorange	Orange rouge
Glatt	Polished	Lissé
Gebrannt	Baked	Cuite
DETAIL B		
Klinker	Clinker	Brique recuite
RAL 1001 Beige	Beige	Beige
Glatt	Polished	Lissé
Gebrannt	Baked	Cuite
1 Übersicht	General view	Vue d'ensemble
2 Objekt	Subject	Objet
3 Ansicht	Full view	Vue
4 Besondere Stellen	Special positions	Positions spéciales
5 Varianten	Variations	Variantes

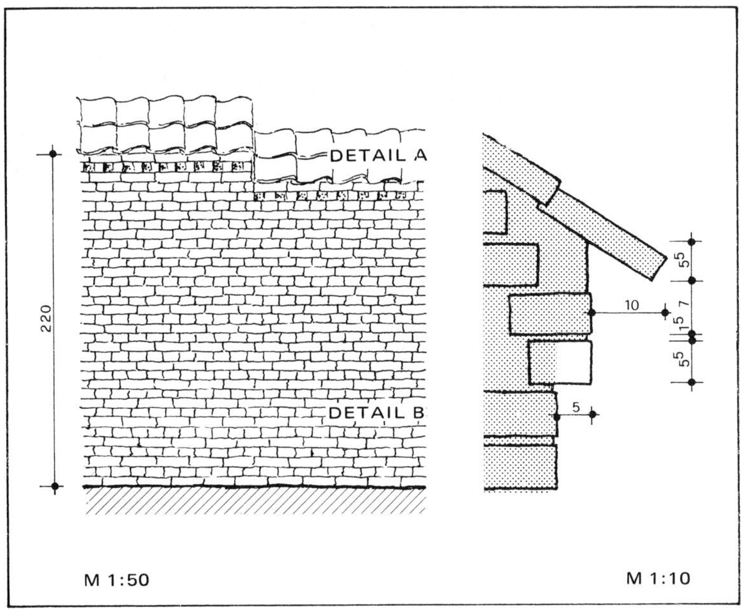

2

3

4

5

1

Bodenbelag Kunstobjektbereich Kulturzone	Floor covering Art area Cultural area	Pavé Zone d'objet d'art Zone de culture
ORT: Jerusalem, Knesset Menorah, IL		
DETAIL A Kalk RAL 3012 Beigerot Rauh Behauen	 Lime Beige red Rough Cuted	 Chaux Rouge beige Rugueux Taillé
1 Übersicht 2 Objekt 3 Ansicht 4 Besondere Stellen 5 Varianten	General view Subject Full view Special positions Variations	Vue d'ensemble Objet Vue Positions spéciales Variantes

Der wilde Charakter der Platten wird auch dort nicht geglättet, wo sie als Treppe aus der Fläche heraustreten. Im Gegenteil, durch die doppelte Lage wird der gebrochene Rand noch verstärkt. Die Stelle, zu der die Anlage führt, kann nicht auf geradem Weg erreicht werden. Wer kommt, muß sein Nähern behutsam verrichten.

The wild character of the slabs is not smoothed, even where they emerge from the surface as steps. On the contrary, because of the doubled layer the broken edge is reinforced. The place to which the grounds lead cannot be reached directly. Those who come have to direct their approach carefully.

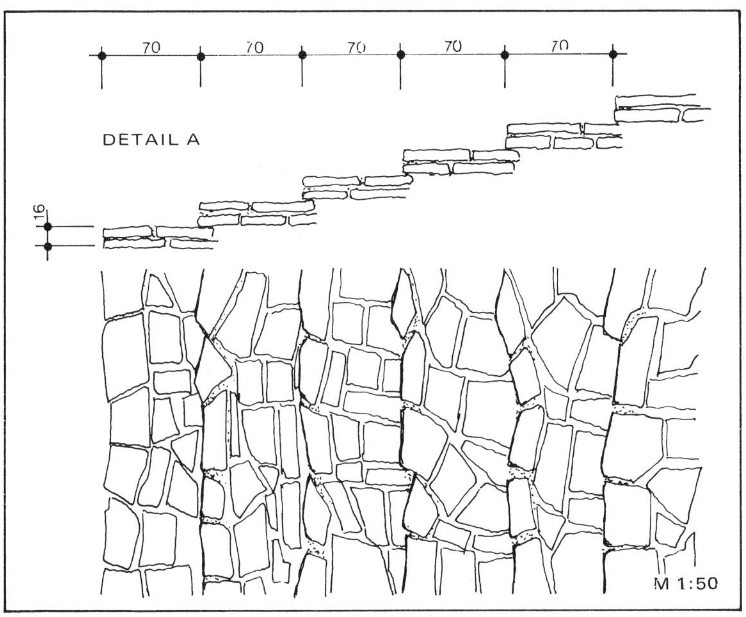

2

3

4

3

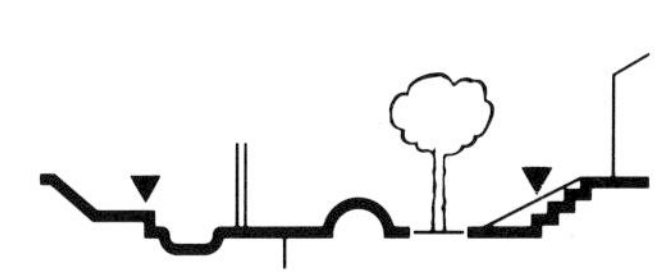

The space around the old minster is shielded by a new wall from the street. This wall not only holds off the noise of the traffic, the cursory glances and the cool wind, it also keeps the remembrance of the renowned town, the old legend alive by its truth written in sandstone. The most important quotations are inserted into the new wall in the form of old hewn stones. The slabs on the floor correspond. Their irregular form is left unchanged, they do not touch each other. Separated by at least two paving-stones, they give the impression of great freedom and ease which communicates itself to the user of the gardens.

1

Bodenbelag-Mauer	Floor covering-Wall	Pavé-Mur
Sitzbereich	Seating area	Zone de siège
Grünzone	Green area	Zone verte
ORT: Hameln, Münster, D		
KONZEPTION: Stadt Hameln, Planungsgruppe Altbausanierung		
DESIGN Bonorden		
DETAIL A		
Mauer	Wall	Mur
Buntsandstein	New-red sandstone	Grès bigarré
RAL 3022 Lachsrot	Salmon pink	Rouge saumon
RAL 1020 Olivgelb	Olive yellow	Jaune olive
RAL 1019 Graubeige	Gray beige	Beige gris
RAL 1000 Grünbeige	Green beige	Beige verte
Rauh	Rough	Rugueux
Geschlagen	Processed	Frappé
DETAIL A		
Bodenbelag	Floor covering	Pavé
Elbsandstein	Sandstone	Grès
RAL 1000 Grünbeige	Green beige	Beige verte
Glatt	Polished	Lissé
Gesägt	Sawed	Scié
DETAIL B		
Buntsandstein	New-red sandstone	Grès bigarré
RAL 7032 Kieselgrau	Pebble gray	Gris silex
Rauh	Rough	Rugueux
Geschlagen	Processed	Frappé
1 Übersicht	General view	Vue d'ensemble
2 Objekt	Subject	Objet

Der Raum um das alte Münster wird durch eine neue Mauer gegen die Straße abgeschirmt. Diese hält nicht allein den Verkehrslärm ab, die flüchtigen Blicke und den kühlen Wind, sie hält auch die Erinnerung wach an die gedichtete Stadt, die alte Sage durch ihre in Sandstein geschriebenen Wahrheiten. Die wichtigsten Zitate sind in Form von alten, behauenen Steinen in die neue Mauer eingefügt. Passend dazu die Platten am Boden. Ihre unregelmäßige Form ist belassen, sie sind nicht passend gemacht, sie berühren sich nicht. Durch mindestens zwei Pflastersteine voneinander getrennt, erwecken sie den Eindruck von großer Freiheit und Leichtigkeit, die sich auf den Benutzer der Anlage überträgt.

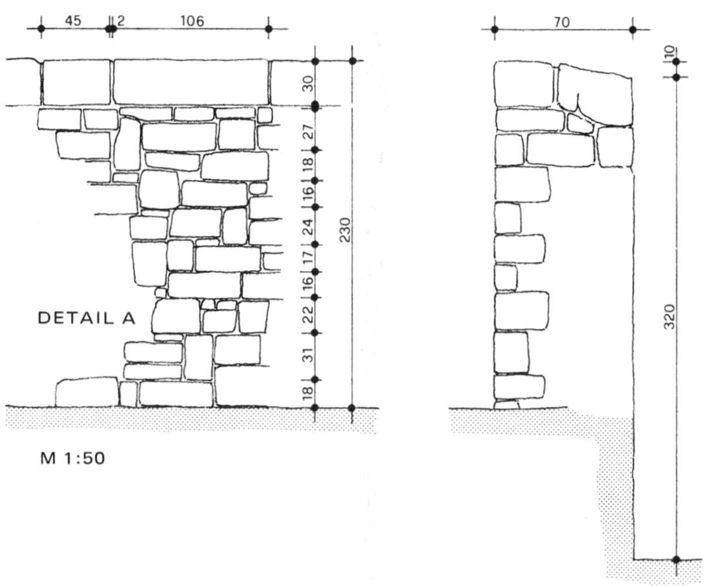

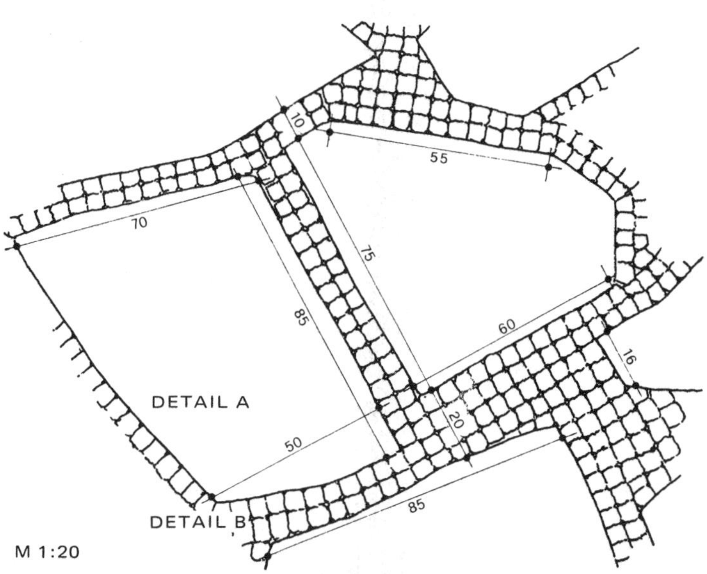

2

2

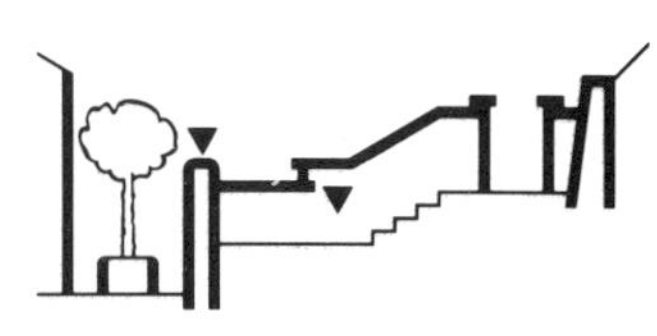

Hoch über den Dächern aus Schiefer liegen die Mauern im Berg aus dem gleichen Stein. Zum dunklen Blau kommt durch den Mörtel zwischen den Fugen kein neuer Ton dazu. Die Steine sind trocken verlegt. Stattdessen bietet das enge Gefüge überall Ansatzpunkte für Moose und Flechten in den leuchtendsten Farbtönen.

In the mountain above the slate roofs lie the wall of the same stone. No other colour, except the dark-blue shines through the mortar between the interstices. The stones are dry-laid. Instead of this the narrow structure offers all over openings for mosses and lichens in the brightest tones.

1

Mauer	Wall	Mur
Kulturbereich	Cultural area	Zone de culture
Grünzone	Green area	Zone verte
ORT: Monschau, Friedhof, D.,		
DETAIL A		
Schiefer	Slate	Ardoise
RAL 7031 Blaugrau	Blue gray	Gris bleu
RAL 7015 Schiefergrün	Slate gray	Gris ardoise
RAL 7011 Eisengrau	Iron gray	Gris fer
RAL 9002 Grauweiß	Gray white	Blanc gris
RAL 1016 Schwefelgelb	Sulfur yellow	Jaune soufre
Rauh	Rough	Rugueux
Gebrochen	Broken	Cassé
1 Übersicht	General view	Vue d'ensemble
2 Objekt	Subject	Objet
3 Ansicht	Full view	Vue
4 Besondere Stellen	Special positions	Positions spéciales
5 Varianten	Variations	Variantes

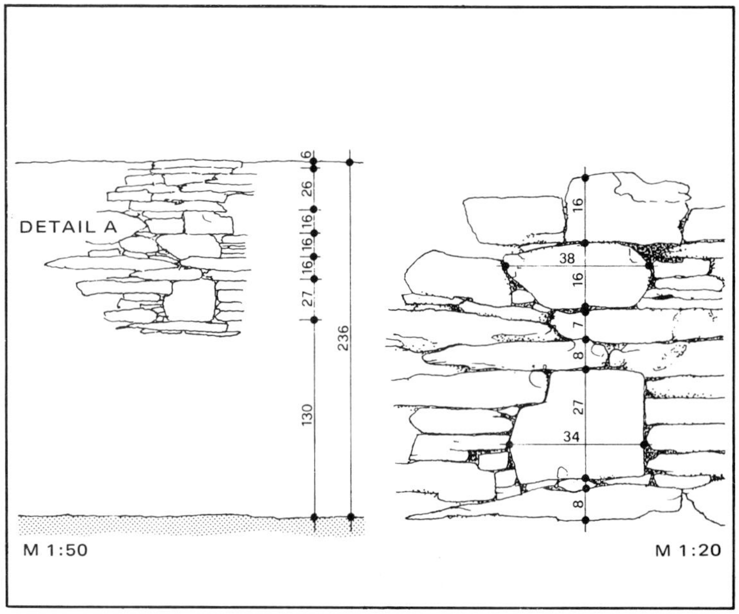

2

3

4

5

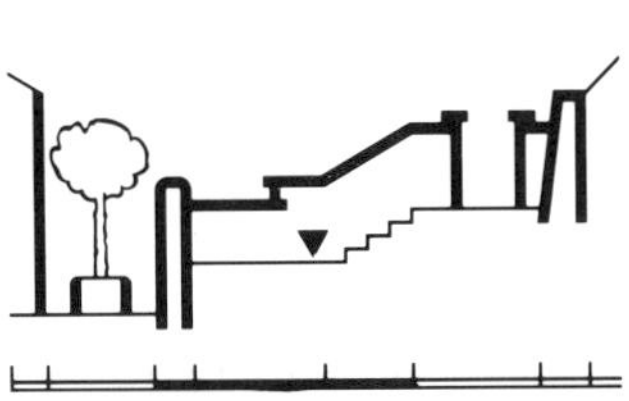

1

Mauer	Wall	Mur
Grenzbereich	Limitation area	Zone de limitation
Kulturzone	Cultural area	Zone de culture
ORT: Risskov, Evangelische Kirche, DK.,		
DETAIL A		
Bruchstein	Quarry stone	pierre de taille
RAL 9010 Reinweiß	Pure white	Blanc pure
Rauh	Rough	Rugueux
1 Übersicht	General view	Vue d'ensemble
2 Objekt	Subject	Objet
3 Ansicht	Full view	Vue
4 Besondere Stellen	Special positions	Positions spéciales
5 Varianten	Variations	Variantes

Die Mauer verdeckt das höhere Niveau des Friedhofs auf der Innenseite. Von hier aus sind die Wände nicht nur wesentlich niedriger, die tiefgezogene, rote Ziegelabdeckung vermindert darüber hinaus den gewaltigen Eindruck der Mauer, den man von außen erfährt. So zeigt sich die Mauer, die durch Eingangstür, Farbe und Eindeckung an Wohnhäuser erinnert, von zwei ganz unterschiedlichen Seiten.

On the inside, the wall hides the higher level of the cemetery. From here, the walls are not only much lower, the deep red brick-covering reduces the forceful impression of the wall which one has from the outside. This is why the wall has two totally different sides due to entrance-gate, colour and covering which is reminiscent of houses.

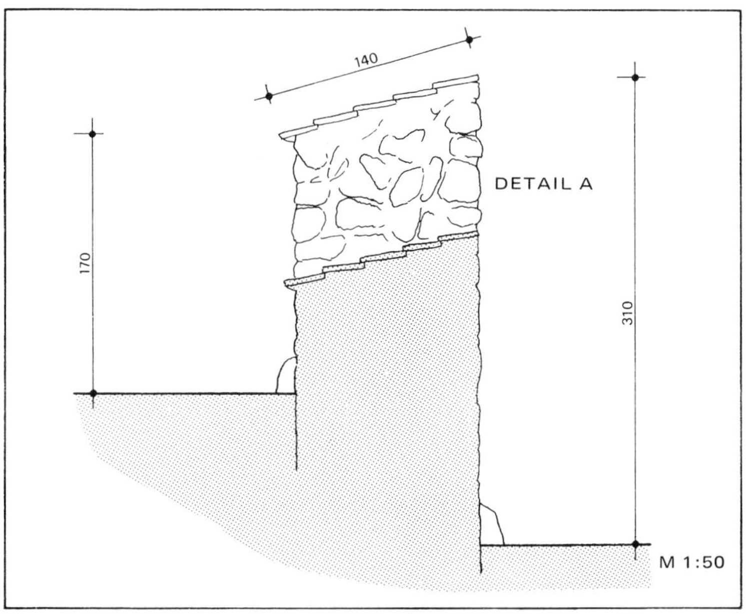

2

3

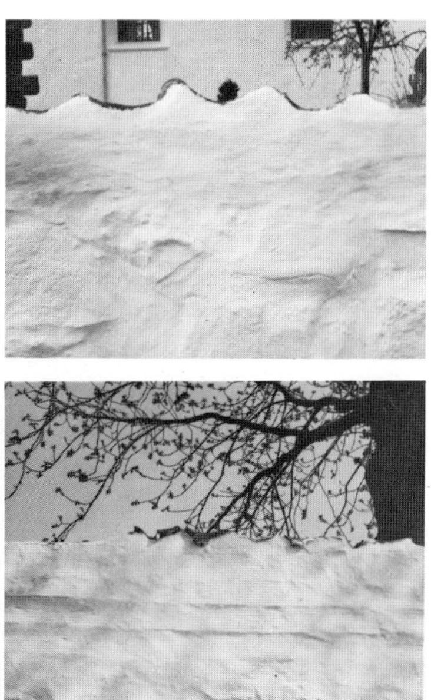

4

5

Mit der Schräge des Daches ist auch die Mauerkrone des berühmten Friedhofs in Jerusalem versehen. Ihr First beschreibt die Grenze zwischen draußen und drinnen, für die eine Mauer nur als sichtbares Zeichen dasteht, eine beschützende, stürzende Linie des Geistes.

Also the crown of the wall of the famous cemetery at Jerusalem is provided for the incline of the roof. Its ridge delineates the frontiere between outside and indoors for which a wall is only a visible sign — a protective plunging line of the mind.

1

Mauer	Wall	Mur
Grenzbereich	Limitation area	Zone de limitation
Kulturzone	Cultural area	Zone de culture

ORT: Jerusalem, Derekh Yeriho, Jericho road, IL

DETAIL A

Kalk	Lime	Chaux
RAL 1015 Hellelfenbein	Light ivory	Ivoire clair
Rauh	Rough	Rugueux
Behauen	Cuted	Taillé

1 Ubersicht	General view	Vue d'ensemble
2 Objekt	Subject	Objet
3 Ansicht	Full view	Vue
4 Besondere Stellen	Special positions	Positions spéciales
5 Varianten	Variations	Variantes

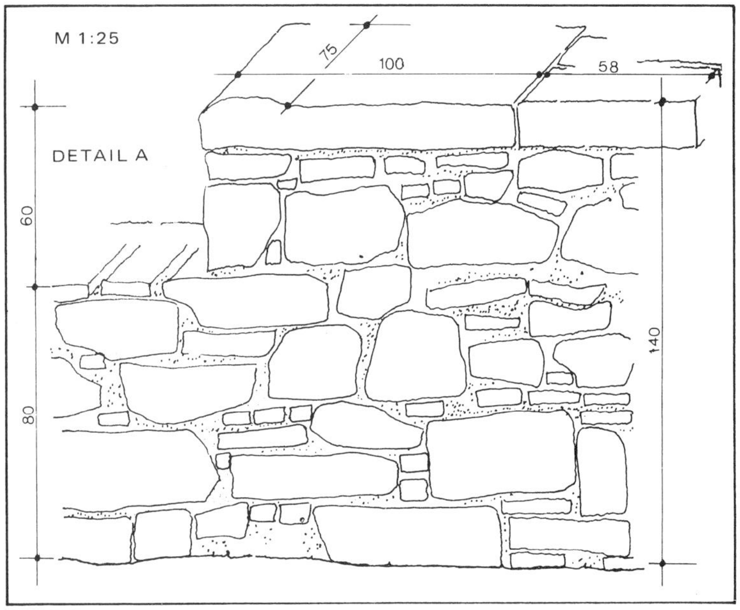

2

3

5

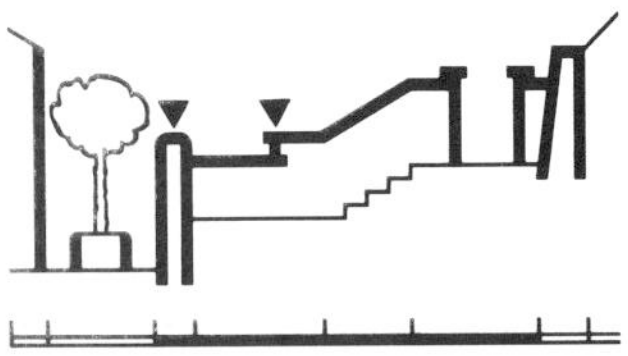

1

Mauer	Wall	Mur
Verkehrsbereich	Traffic area	Zone du trafic
Straße	Street	Rue
ORT: Aachen-Laurensberg, Handner Weg, D		
KONZEPTION: Stadt Aachen		
DESIGN: Hans Kaldenbach, Aachen		
DETAIL A		
Ruhrhartsandstein	Sandstone	Grès
RAL 8001 Ockerbraun	Ochre brown	Brun vert
RAL 8003 Lehmbraun	Clay brown	Brun argile
RAL 7032 Kieselgrau	Pebble gray	Gris silex
Rauh	Rough	Rugueux
Gesägt	Sawed	Scié
Behauen	Cuted	Taillé
1 Übersicht	General view	Vue d'ensemble
2 Objekt	Subject	Objet
3 Ansicht	Full view	Vue
4 Besondere Stellen	Special positions	Positions spéciales
5 Varianten	Variations	Variantes

Mit großer handwerklicher Sorgfalt ist diese Friedhofsmauer ausgeführt. Jeder einzelne Stein wurde besonders ausgewählt und die Abfolge der Fugen bestimmt. Die langen Abdeckplatten sorgen dafür, daß möglichst wenig Wasser ins Mauerwerk eindringt.

This cemetery wall is constructed with great care and handicraft. Each stone has been selected and the sequence of the interstices closely determined. The long covering slabs ensure that the least possible water soaks into the brick work.

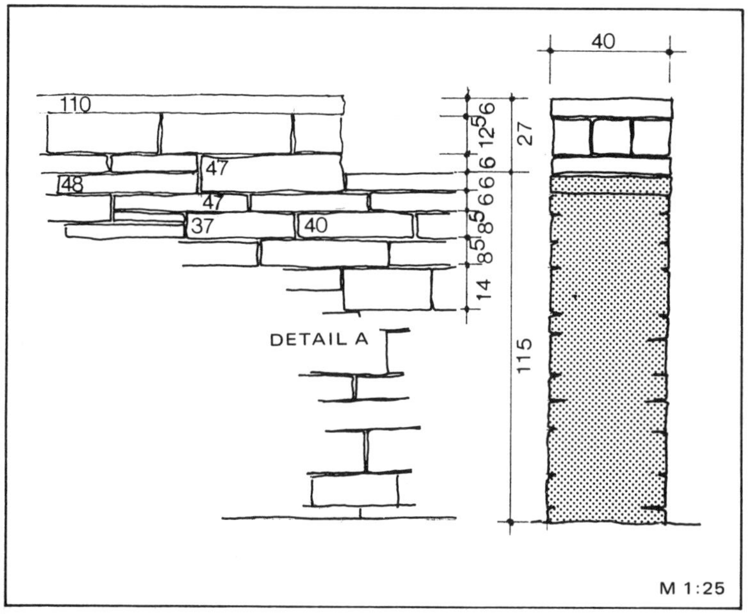

2

3

4

5

Feldsteinmauer mit Ziegelabdeckung. Hier sind alle wichtigen Aspekte näher bestimmt: z. B. wird das Innen und Außen unterschieden durch verschiedene Höhen und die einseitige Neigung der Klinker, das Oben und Unten durch den Verlauf der Kiesel von großen Brocken am Grund zu kleinen Stücken am oberen Rand.

A wall out of field-stones covered by bricks. All important aspects are here determined in more detail: for example the inner and outer sides are distinguished by different heights and the one-sided incline of the clinkers, the top and bottom by the course of the pebbles from big blocks at the bottom to small segments at the upper edge.

1

Mauer	Wall	Mur
Grenzbereich	Limitation area	Zone de limitation
Kulturzone	Cultural area	Zone de culture
ORT: Berlin, Königin Luise Straße, D., Kirchhofmauer		
DETAIL A		
Kiesel	Pebble	Caillou
RAL 1011 Braunbeige	Brown beige	Beige brun
RAL 3012 Beige rot	Beige red	Rouge beige
Glatt	Polished	Lissé
DETAIL B		
Klinker		
RAL 2001 Rotorange	Red orange	Orange rouge
Glatt	Polished	Lissé
Gebrannt	Baked	Cuite
1 Übersicht	General view	Vue d'ensemble
2 Objekt	Subject	Objet
3 Ansicht	Full view	Vue
4 Besondere Stellen	Special positions	Positions spéciales
5 Varianten	Variations	Variantes

2

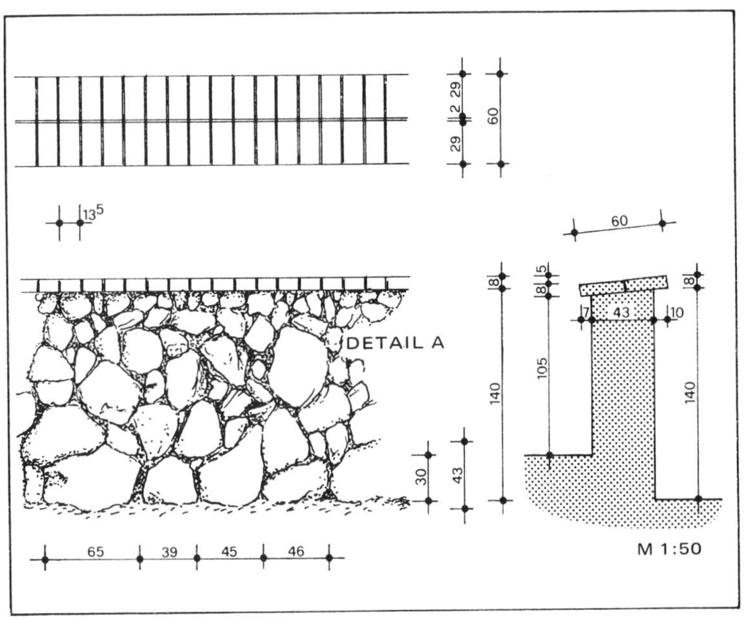

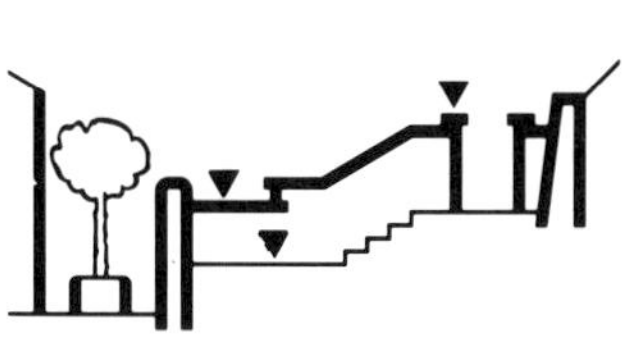

3

4

5

1

Mauer	Wall	Mur
Übergangsbereich	Transition area	Zone de transition
Kulturzone	Cultural area	Zone de culture
ORT: Bernshausen, D		
DETAIL A		
Buntsandstein	New-red sandstone	Grès bigarré
RAL 3011 Braunrot	Brown red	Rouge brun
Gestockt	Granulated	Brettelé
Behauen	Cuted	Taillé
1 Übersicht	General view	Vue d'ensemble
2 Objekt	Subject	Objet
3 Ansicht	Full view	Vue
4 Besondere Stellen	Special positions	Positions spéciales
5 Varianten	Variations	Variantes

Die zentrale grüne Mitte eines Dorfes ist hervorgehoben. Eine Sandsteinmauer faßt sie ein. Ihre Schräglage, die schweren Blöcke und die seitlichen Stützen machen die Last deutlich, die nach außen drückt.

The green middle of a village is emphazised. It is surrounded by a sand-stone wall, its sloping position, the heavy blocks and the lateral pillars draw attention to the load pressing outwards.

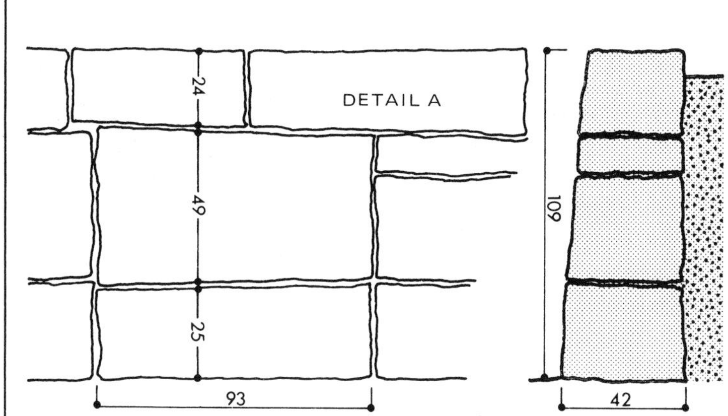

M 1:25

2

3

4

5

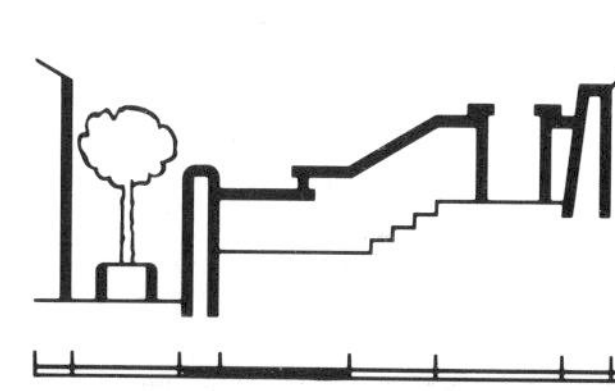

Already in the ascent to the Acropolis one becomes familiar with the stones of which the columns and ledges at the destination are made. The winding path is covered with slabs. Occasionally, the naked rocks protrude.

Bereits beim Aufstieg zur Akropolis wird man mit den Steinen vertraut, die einen am Ziel, in den Säulen und Simsen erwarten. Der gewundene Pfad ist mit Platten verkleidet. Zwischendrin schaut immer mal wieder der nackte Fels durch.

1

Bodenbelag	Floor covering	Pavé
Eingangsbereich	Entrance area	Zone d'entrée
Kulturzone	Cultural area	Zone de culture
ORT: Athen, Akropolis, GR		
DETAIL A		
Kalk	Lime	Chaux
RAL 7030 Steingrau	Stone gray	Gris pierre
RAL 7031 Blaugrau	Blue gray	Gris bleu
RAL 1001 Beige	Beige	Beige
RAL 8004 Kupferbraun	Copper brown	Brun cuivré
RAL 1014 Elfenbein	Ivory	Ivoire
Glatt	Polished	Lissé
Behauen	Cuted	Taillé
1 Übersicht	General view	Vue d'ensemble
2 Objekt	Subject	Objet
3 Ansicht	Full view	Vue
4 Besondere Stellen	Special positions	Positions spéciales
5 Varianten	Variations	Variantes

2

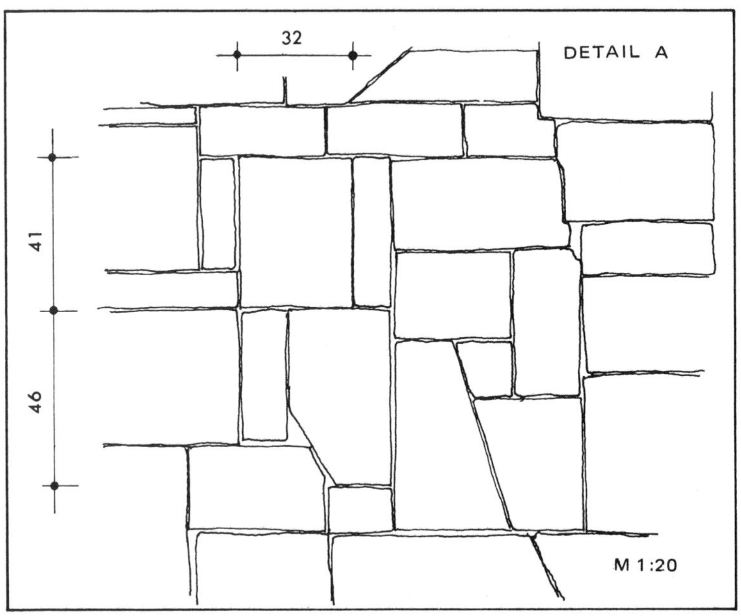

3

4

5

1

Mauer	Wall	Mur
Übergangsbereich	Transition area	Zone de transition
Kulturzone	Cultural area	Zone de culture
ORT: Köln, Museum für Ostasiatische Kunst, D		
DETAIL A		
Sandstein	Sandstone	Grès
RAL 7035 Lichtgrau	Light gray	Gris clair
RAL 7034 Gelbgrau	Yellow gray	Gris jaune
Rauh	Rough	Rugueux
Gesägt	Sawed	Scié
Behauen	Cuted	Taillé
1 Übersicht	General view	Vue d'ensemble
2 Objekt	Subject	Objet
3 Ansicht	Full view	Vue
4 Besondere Stellen	Special positions	Positions spéciales
5 Varianten	Variations	Variantes

Der Mauer wird die Aufgabe zugewiesen, den Besucher des Museums in einem angemessenen Abstand vom Gebäude zu halten und sicher an das Wasser heranzuführen. Sie soll dabei nicht mehr als ein Hilfsmittel sein und nicht Gegenstand der Betrachtung. So sind zwar alle wichtigen Gestaltungskriterien berücksichtigt, doch sie bleiben in der Auswirkung zurückhaltend und bescheiden.

The wall has the task of keeping the visitor of the museum from the building at an adequate distance and to lead him safely to the water. It should not be more than an aid and not an object of contemplation. Thus, each important criteria of design is taken into consideration,but in their effect they are reserved and modest.

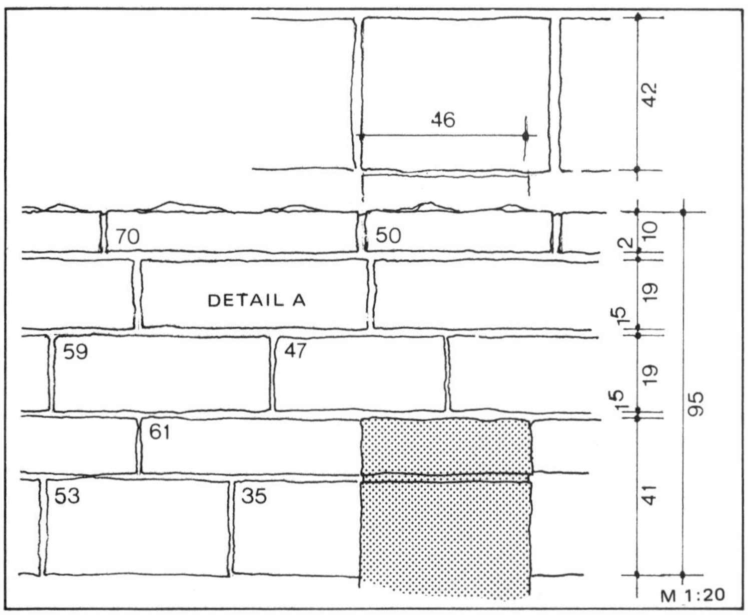

2

3

4

5

Ein Stein starke, rote Wände, ohne Mörtel verlegt, erinnern an den ersten Versuch, mit Holzklötzen eine Mauer zu bauen. Hier finden sich die gleichen Lösungen für Tür und Ecke und das gleiche Bestreben, möglichst hoch zu schichten. Dabei tauchen die gleichen Probleme auf: Die Wand wird leicht schief.

One-stone-strong red walls, erected without mortar remind of the first attempt to build a wall with blocks of wood. Here, the same solutions for door and corner are to be found and the same attempt to stack as high as possible. Here the same problems arise: the wall becomes slightly slanted.

1

Mauer	Wall	Mur
Übergangsbereich	Transition area	Zone de transition
Grünzone	Green area	Zone verte
ORT: Bernshausen, D		
DETAIL A		
Buntsandstein	New-red sandstone	Grès bigarré
RAL 3011 Braunrot	Brown red	Rouge brun
Glatt	Polished	Lissé
Behauen	Cuted	Taillé
1 Übersicht	General view	Vue d'ensemble
2 Objekt	Subject	Objet
3 Ansicht	Full view	Vue
4 Besondere Stellen	Special positions	Positions spéciales
5 Varianten	Variations	Variantes

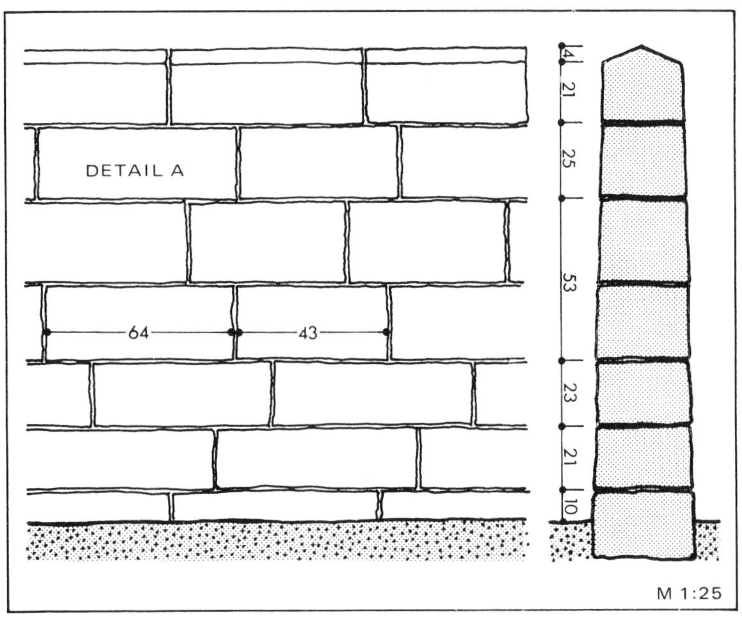

2

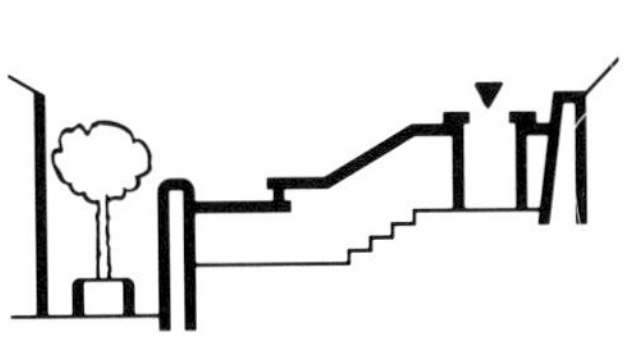

3

4

5

1

Mauer	Wall	Mur
Übergangsbereich	Transition area	Zone de transition
Straße	Street	Rue
ORT: Cancale, F		
DETAIL A		
Schiefer	Slate	Ardoise
Granit	Granite	Granit
RAL 8025 Blaßbraun	Pale brown	Brun pale
RAL 7002 Olivgrau	Olive gray	Gris olive
RAL 7034 Gelbgrau	Yellow gray	Gris jaune
Rauh	Rough	Rugueux
Behauen	Cuted	Taillé
1 Übersicht	General view	Vue d'ensemble
2 Objekt	Subject	Objet
3 Ansicht	Full view	Vue
4 Besondere Stellen	Special positions	Positions spéciales
5 Varianten	Variations	Variantes

Mauern wie schützende Hände. In ihren Falten kann sich Alter abzeichnen. Und was der Wind mit sich bringt, kann sich halten, ausschlagen und zur Gestalt beitragen.

Walls like protecting hands. Age can be discerned and what the wind brings can adhere, sprout and contribute to the shape.

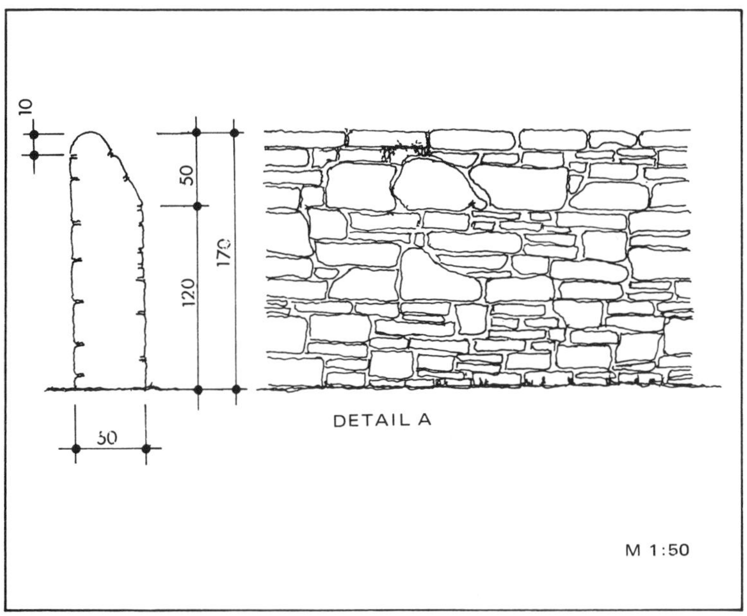

2

3

4

5

Ein Gedanke verbindet die ganze Stadt. Er hat sich in ihrem grünen Mauerwerk niedergeschlagen. Man begegnet ihm überall, da sich die Wände wegen ihrer Höhe nicht übersehen lassen, und man ist angehalten, die grüne Ansprache bis zu ihrem sanften Scheitel zu entziffern.

One idea binds the whole town. It is reflected in the town's green masonry. One meets it all over, due to their height they cannot be overlooked and one is urged to decipher the green voice up to its soft peak.

1

Mauer	Wall	Mur
Eingangsbereich	Entrance area	Zone d'entrée
Straße	Street	Rue
ORT: Soest, Severinstraße, D		
DETAIL A		
Kalksandstein	»Anröchter Dolomit«	
RAL 6005 Moosgrün	Moss green	Vert mousse
RAL 6011 Resedagrün	Reseda green	Vert réséda
RAL 6013 Schilfgrün	Reed green	Vert jonc
RAL 6012 Blaßgrün	Pale green	Vert pâle
Rauh	Rough	Rugueux
Behauen	Cuted	Taillé
1 Übersicht	General view	Vue d'ensemble
2 Objekt	Subject	Objet
3 Ansicht	Full view	Vue
4 Besondere Stellen	Special positions	Positions spéciales
5 Varianten	Variations	Variantes

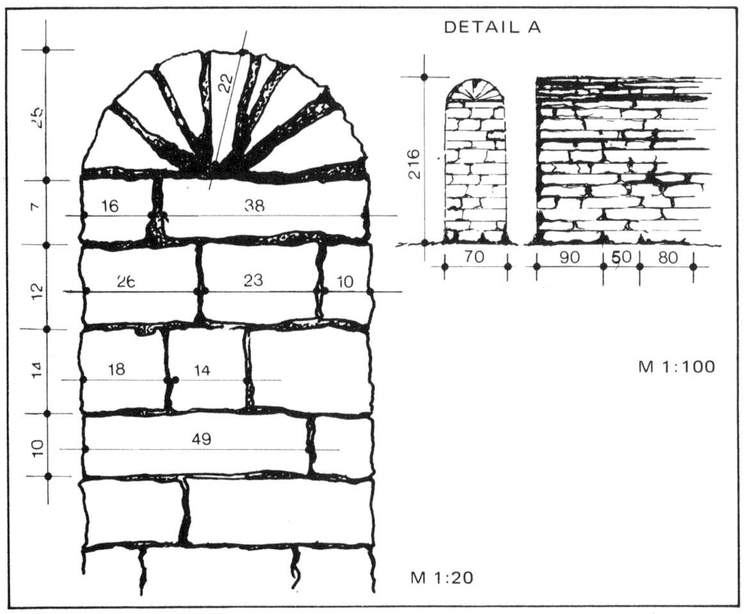

2

3

4

5

1

Mauer	Wall	Mur
Verkehrsbereich	Traffic area	Zone du trafic
Straße	Street	Rue
ORT: Altenmellrich, Dorfstraße, D		
DETAIL A		
Sandstein	Sandstone	Grès dur
RAL 7034 Gelbgrau	Yellow gray	Gris jaune
Rauh	Rough	Rugueux
Behauen	Cuted	Taillé
1 Übersicht	General view	Vue d'ensemble
2 Objekt	Subject	Objet
3 Ansicht	Full view	Vue
4 Besondere Stellen	Special positions	Positions spéciales
5 Varianten	Variations	Variantes

In alter Tradition werden zum Schutz der langen Mauern die Abdeckplatten schräg geschichtet und dicht in Mörtel verlegt. Im Vorbeigehen erweckt das den Eindruck, jemand hätte unterwegs die Steine liebevoll nach einer Seite gekämmt.

By tradition, the covering slabs are laid obliquely and tightly in mortar for the protection of the long walls. When passing, this gives the impression that someone on the way has lovingly combed the stones to one side.

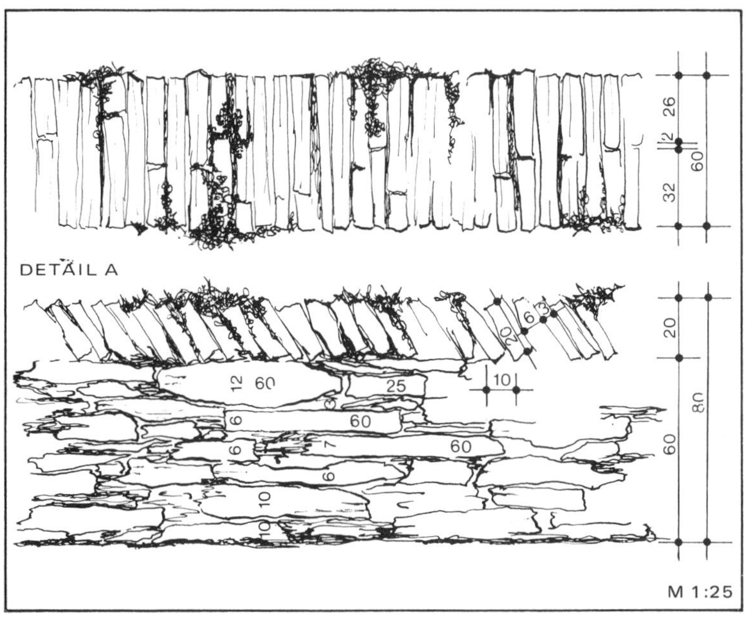

2

3

4

5

Während das Gelände fällt, hält die Mauer die Höhe, vermittelt zum Grund kleinteilig und unbemerkt am unteren Rand. Die Verbindung zur umgebenden Bebauung stellt die waagerechte obere Kante her, die, wenn nötig, in größeren Absätzen verspringt und damit stärker an Häuser erinnert, zu denen sie gehören will, an Fensteröffnungen und Türleibungen.

When the terrain descends the wall maintains the height, mediates the ground unseen in small sections along the bottom edge. The connection to the neighbouring buildings is represented by the horizontal upper edge which, when necessary, leaps in large terraces and in so doing alludes more to the houses to which it wants to belong, to windows and doors.

1

Mauer	Wall	Mur
Übergangsbereich	Transition area	Zone de transition
Straße	Street	Rue

ORT: Nauplion, Uferpromenade, GR

DETAIL A		
Kalk	Lime	Chaux
RAL 3015 Hellrosa	Light pink	Rose clair
Rauh	Rough	Rugueux
Behauen	Cuted	Taillé

1 Übersicht	General view	Vue d'ensemble
2 Objekt	Subject	Objet
3 Ansicht	Full view	Vue
4 Besondere Stellen	Special positions	Positions spéciales
5 Varianten	Variations	Variantes

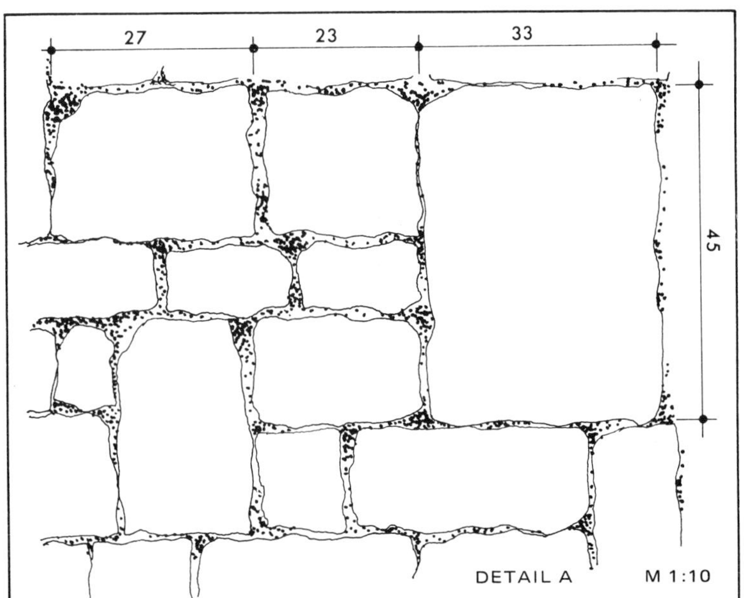

2

3

4

5

1

Mauer	Wall	Mur
Verkehrsbereich	Traffic area	Zone de trafic
Landschaftszone	Landscape area	Zone de paysage
ORT: Lodrino, I		
DETAIL A		
Granit	Granite	Granit
RAL 7030 Steingrau	Stone gray	Gris pierre
Rauh	Rough	Rugueux
Behauen	Cuted	Taillé
1 Übersicht	General view	Vue d'ensemble
2 Objekt	Subject	Objet
3 Ansicht	Full view	Vue
4 Besondere Stellen	Special positions	Positions spéciales
5 Varianten	Variations	Variantes

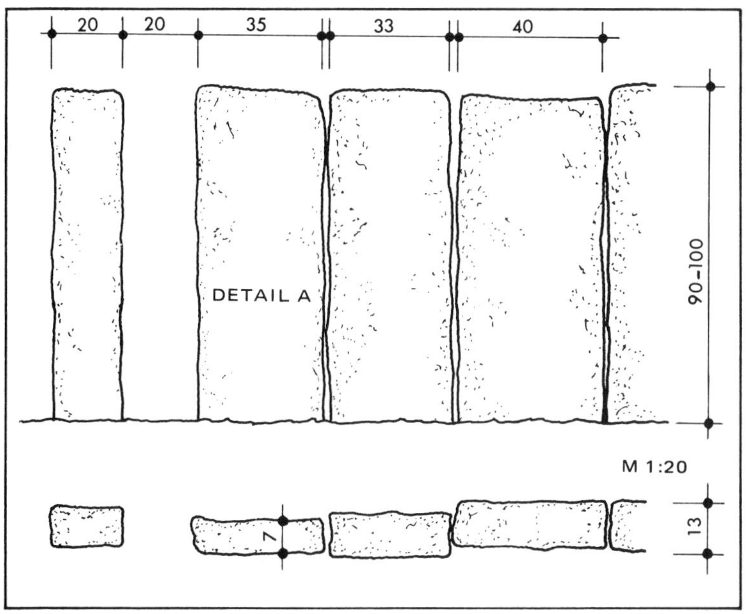

2

3

4

5

Überall erscheint plötzlich das gleiche Bild. Um eine Wiese einzufrieden werden Steinplatten senkrecht in der Erde versenkt. Die engen Fugen und das Bemühen, die obere Kante trotz der unterschiedlichen Steine waagerecht auszurichten, läßt die Landschaft vertraut und bewohnt erscheinen. Die Geometrie der Häuser und Dörfer wird andeutungsweise auf das freie Gelände übertragen.

Suddenly all over the same picture appears. In order to hedge in a meadow stone slabs are vertically sunk into the ground. The narrow interstices and the effort to align the upper edge horizontally, in spite of the different stones allows the landscape to appear familiar and inhabited. The geometry of the houses and villages is transmitted in outlines into the open country.

Die Mauer dient als Vorbote für das Haus, aus dem sie herauswächst, dessen Marmorkleider sie trägt. Auch den, der nicht eintreten möchte ins Museum, aber im Vorbeigehen gezwungen ist, sie eine Zeit lang zu begleiten, beschenkt sie mit einer leichten Kühlheit, die vom klaren Geist ausgeht, der hier weht.

The wall is the harbinger of the house from which it grows, whose marble it wears. Also to those who do not want to enter the museum, but who are forced, when passing, to accompany it for a while it presents a slight coolness arising from the clear spirit which reigns here.

1

Mauer	Wall	Mur
Eingangsbereich	Entrance area	Zone d'entrée
Verkehrszone	Traffic area	Zone du trafic
ORT: Aalborg, Nordjytlands Kunstmuseum, DK.,		
DESIGN: Elissa und Alvor Alto, Jean-Jacques Baruël		
DETAIL A		
Marmor (Carrara)	Marble	Marbre
RAL 9002 Grauweiß	Gray white	Blanc gris
Glatt	Polished	Lissé
Poliert	Polished	Poli
DETAIL B		
Granit	Granite	Granit
RAL 7035 Lichtgrau	Light gray	Gris clair
Glatt	Polished	Lissé
Gesägt	Sawed	Scié
1 Übersicht	General view	Vue d'ensemble
2 Objekt	Subject	Objet
3 Ansicht	Full view	Vue
4 Besondere Stellen	Special positions	Positions spéciales
5 Varianten	Variations	Variantes

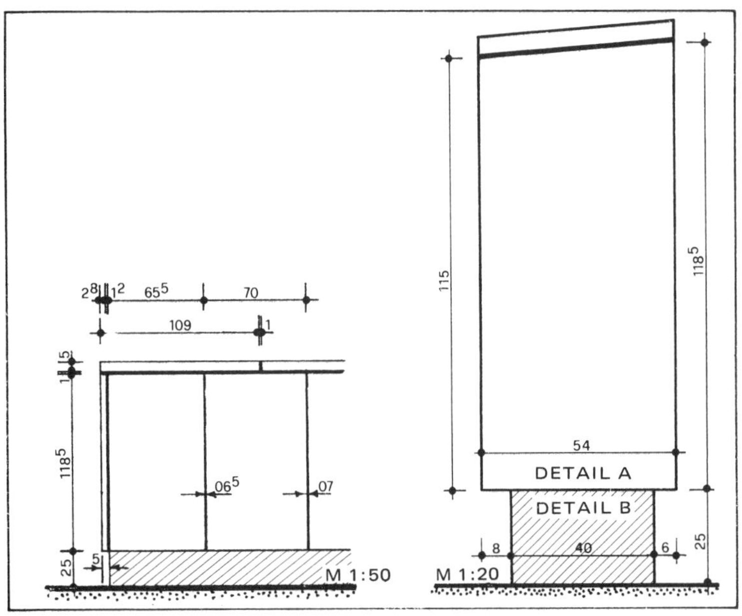

2

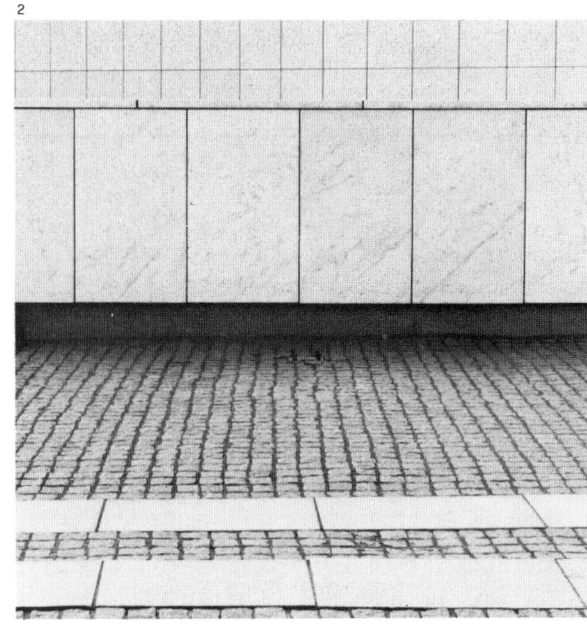

3

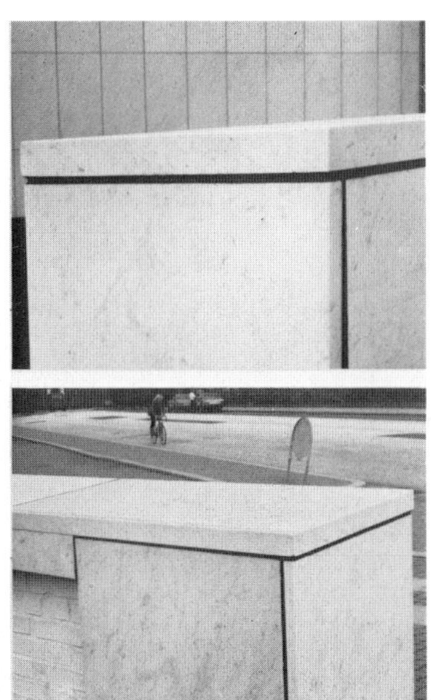
4

5

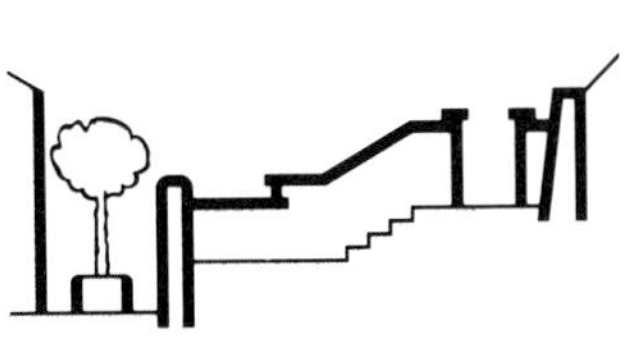

1

Mauer	Wall	Mur
Kulturbereich	Cultural area	Zone de culture
Verkehrszone	Traffic area	Zone du trafic
ORT: Holstebro. Kunstmuseum. DK..		
DESIGN: Hanne. Kjaerholm. 1972		
DETAIL A		
Beton	Concrete	Béton
RAL 7038 Achat grau	Agate gray	Gris agate
Glatt	Polished	Lissé
Gegossen	Casted	Moulé
DETAIL B		
Blech	Sheet	Tôle
RAL 7035 Staubgrau	Dusty gray	Gris poussière
Glatt	Polished	Lissé
Verzinkt	Galvanized	Galvanisé
DETAIL C		
Ziegel	Brick	Brique
RAL 9010 Reinweiß	Pure white	Blanc pur
Rauh	Rough	Rugueux
Gestrichen	Painted	
1 Übersicht	General view	Vue d'ensemble
2 Objekt	Subject	Objet
3 Ansicht	Full view	Vue
4 Besondere Stellen	Special positions	Positions spéciales
5 Varianten	Variations	Variantes

2

In der Mauer spiegelt sich verkleinert das getreue Abbild der Gebäude wider, denen sie das Vorfeld sichert. Aus den Scharten schießt die Phantasie.

The wall protecting the fore-court reflects a reduced, but a faithful copy of the building. Phantasy shoots out of the gaps.

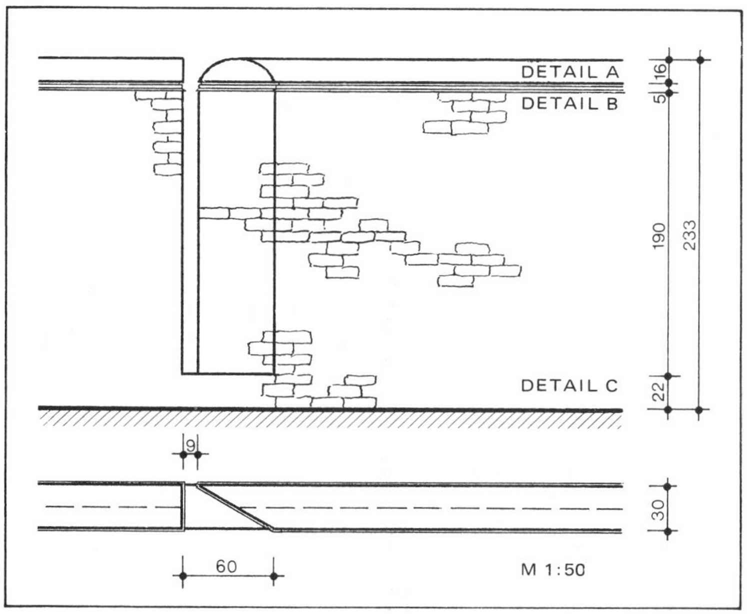

3

4

5

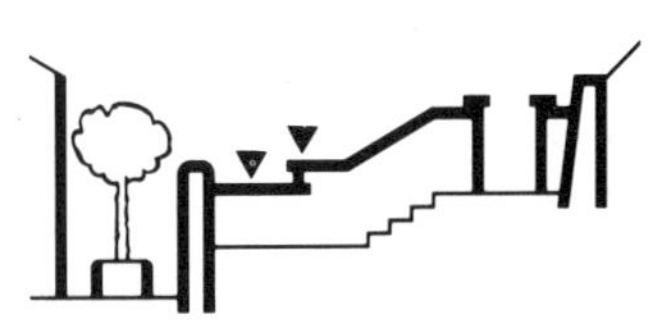

**One stone dominates the scene. Porphyry, like the scales of a snake's skin, cover the usual lawn and also the adjacent walls. The eye hurriedly glances over this idea — foot and hand tentatively follow.
Weak art does not have its way against this paved ground. Even the individual himself has to assert himself, to abandon his favoured route and to ascend the walls.**

1

Bodenbelag-Mauer	Floor covering-Wall	Pavé-Mur
Eingangsbereich	Entrance area	Zone d'entrée
Kulturzone	Cultural area	Zone de culture
ORT: Hannover, Sprengelmuseum, D.,		
DESIGN: Georg Penker, Neuß		
DETAIL		
Porphyr		
RAL 8004 Kupferbraun	Copper brown	Brun cuivré
RAL 3012 Gelbbraun	Yellow brown	Brun jaune
RAL 3012 Beige rot	Beige red	Rouge beige
RAL 4002 Rotviolett	Red violet	Violet rouge
Rauh	Rough	Rugueux
Geschlagen	Processed	Frappé
1 Übersicht	General view	Vue d'ensemble
2 Objekt	Subject	Objet
3 Ansicht	Full view	Vue
4 Besondere Stellen	Special positions	Positions spéciales
5 Varianten	Variations	Variantes

2

Ein Stein beherrscht die Szene. Porphyr, wie die Schuppen der Haut einer Schlange, mit der man den gewohnten Rasen überzogen hat, die angrenzenden Wände auch. Hastig überfliegt das Auge diesen Einfall, Fuß und Hand kommen tastend nach.
Schwache Kunst setzt sich gegen diesen gepflasterten Grund nicht durch.

Auch die eigene Person muß sich behaupten, eingesehene Wege aufgeben und die Wände hochlaufen.

3

5

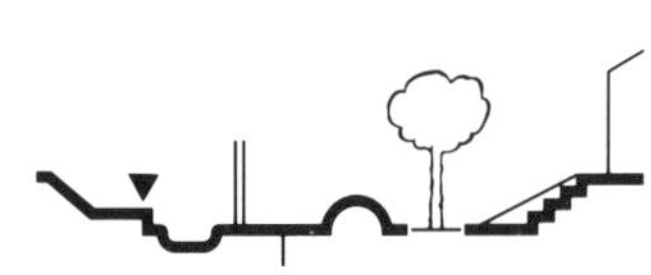

Im Verband der wilden Ziegel herrscht das Spiel mit den Schatten vor. Durch tieferliegende Fugen und eine zusätzliche Schräge im Stein werden ihnen neue Wirkungsfelder erschlossen. Dunkler und heller als gewohnt sind die senkrechten Flächen des Mauerwerks umstellt.

The game of shadows predominates in the formation of the wild bricks. New spheres of action are made accessible to them by lowlying interstices and an additional incline in the stone. Those that surround the vertical areas of the masonry are darker and brighter than usual.

1

Mauer	Wall	Mur
Eingangsbereich	Entrance area	Zone d'entrée
Sportzone	Sport area	Zone de sport
ORT: Gentofte, Kildeskovhallen, DK.,		
DESIGN: Karen und Ebbe Clemmensen, 1970		
DETAIL A		
Klinker	Clinker	Brique recuite
RAL 8012 Rotbraun	Red brown	Brun rouge
Rauh	Rough	Rugueux
Gebrannt	Baked	Cuite
1 Übersicht	General view	Vue d'ensemble
2 Objekt	Subject	Objet
3 Ansicht	Full view	Vue
4 Besondere Stellen	Special positions	Positions spéciales
5 Varianten	Variations	Variantes

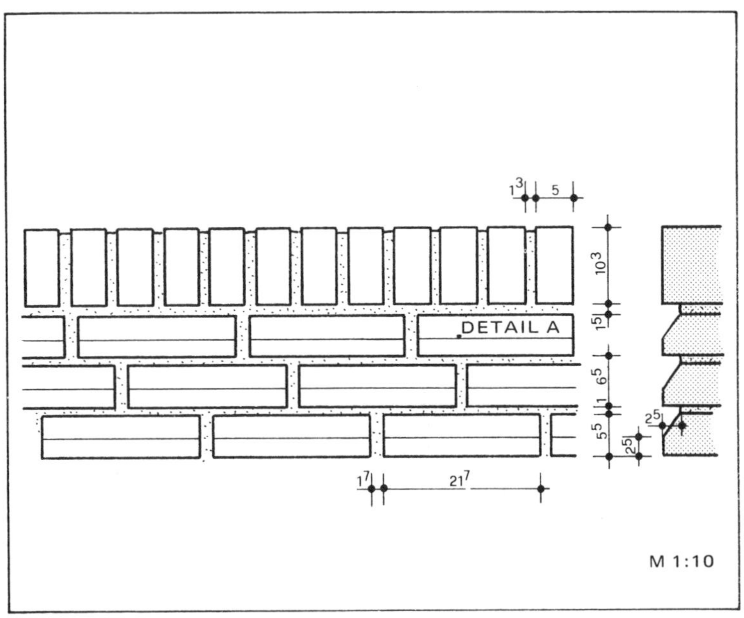

2

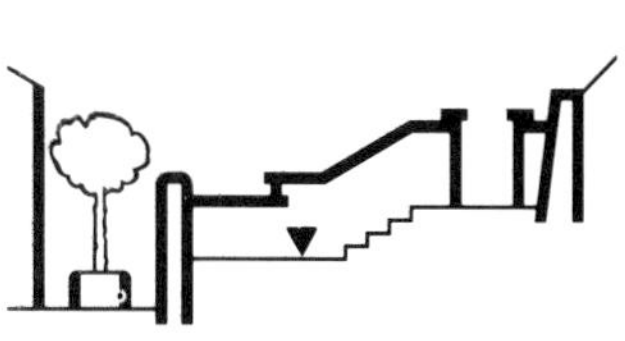

3

4

5

1

Bodenbelag	Floor covering	Pavé
Verfügungsbereich	Disposition area	Zone de disposition
Verwaltungszone	Administration area	Zone d'administration

ORT: Hannover, Hildesheimer Straße, D
KONZEPTION: R. Dröge

DETAIL A

Klinker	Clinker	Brique recuite
RAL 3005 Weinrot	Wine red	Rouge vin
Glatt	Polished	Lissé
Gebrannt	Baked	Cuite

1 Übersicht	General view	Vue d'ensemble
2 Objekt	Subject	Objet
3 Ansicht	Full view	Vue
4 Besondere Stellen	Special positions	Positions spéciales
5 Varianten	Variations	Variantes

Bodenbewegung. Dieses Wort wird mit dem Klinker ernst genommen und damit der Vorstellung widersprochen, daß rechteckige Materialien wie Ziegel immer wieder rechteckige Planungen nach sich ziehen müssen.

Floor movements. This word is affirmed by clinkers and thus opposes the conception that such rectangular materials as bricks always have to entail rectangular planning.

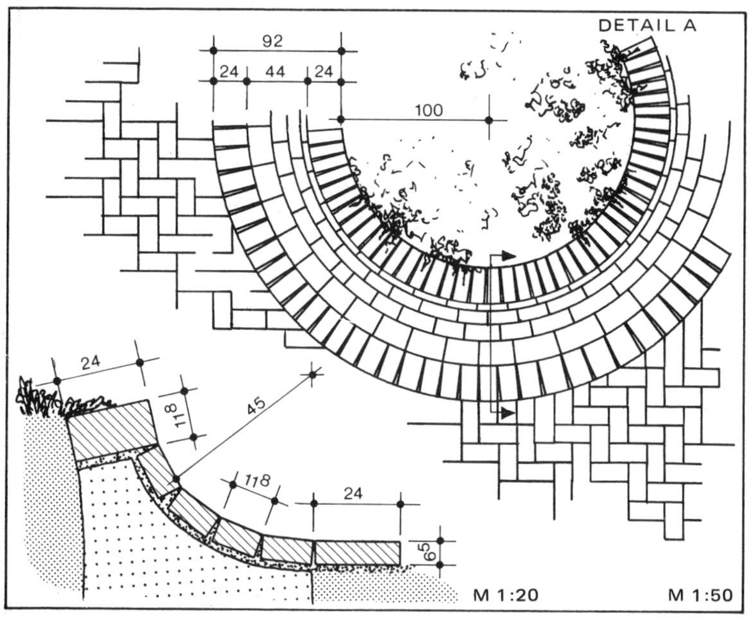

2

3

4

5

This is no place of rest. When passing one has to cover a long distance of no personal concern. This area of the city center is occupied by only one significant element. Behind the wall, the nation's money is produced and kept securely. We are presented with the coolest stone of the country — white-grey granite — which icebergs have touched giving expression to the clearness of numbers. In contrast to this, the truth of the word is hidden in the unrhymed paving-stones and troughs.

1

Mauer-Beet	Wall-Bed	Mur-Planche
Durchgangsbereich		
Verkehrszone	Traffic area	Zone du trafic
ORT: Kopenhagen, Nationalbank, DK.,		
DESIGN: Arne Jacobsen, Dissing und Weitling		
DETAIL A		
Granit	Granite	Granit
RAL 7039 Quarzgrau	Quartz gray	Gris quartz
Gestockt	Granulated	Brettelé
Gesägt	Sawed	Scié
1 Übersicht	General view	Vue d'ensemble
2 Objekt*	Subject	Objet
3 Ansicht	Full view	Vue
4 Besondere Stellen	Special positions	Positions spéciales
5 Varianten	Variations	Variantes

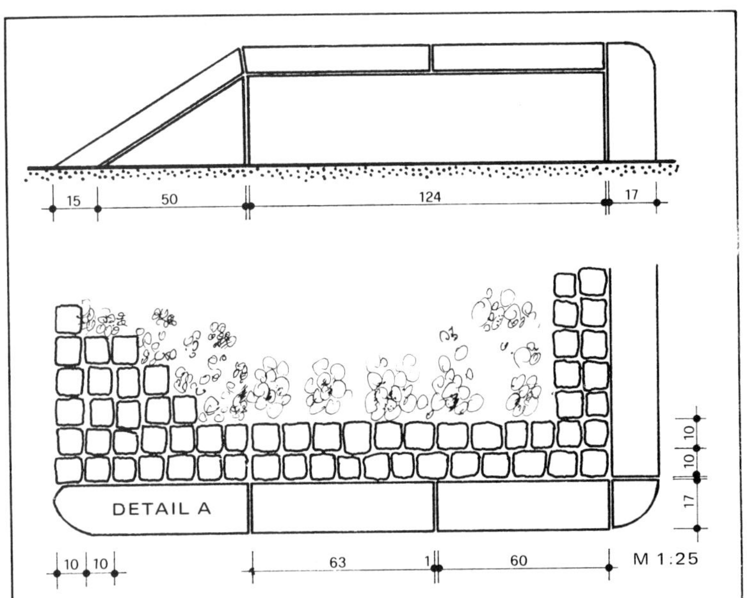

2

3

4

5

1

Mauer	Wall	Mur
Durchgangsbereich		
Verkehrszone	Traffic area	Zone du trafic
ORT: Kopenhagen, Nationalbank, DK.,		
DESIGN: Arne Jacobsen, Dissing und Weitling		
DETAIL A		
Granit	Granite	Granit
RAL 7039 Quarzgrau	Quartz gray	Gris quartz
Gestockt	Granulated	Brettelé
Gesägt	Sawed	Scié
1 Übersicht	General view	Vue d'ensemble
2 Objekt	Subject	Objet
3 Ansicht	Full view	Vue
4 Besondere Stellen	Special positions	Positions spéciales
5 Varianten	Variations	Variantes

Dies ist kein Ort, um auszuruhen. Man geht vorbei und muß dazu eine längere Strecke überbrücken, die persönlich nicht betrifft. Diese Stelle der Stadtmitte ist mit einer einzigen Bedeutung besetzt. Hinter der Mauer wird das Geld der Nation gemacht und sicher aufbewahrt. Der kühlste Stein im Lande, weißgrauer Granit, den die Eisberge gestreift, wird aufgeboten, um der Klarheit der Zahlen Ausdruck zu verleihen. Die Wahrheit des Wortes dagegen wird heimlich in den ungereimten Pflastersteinen und den Trögen bewahrt.

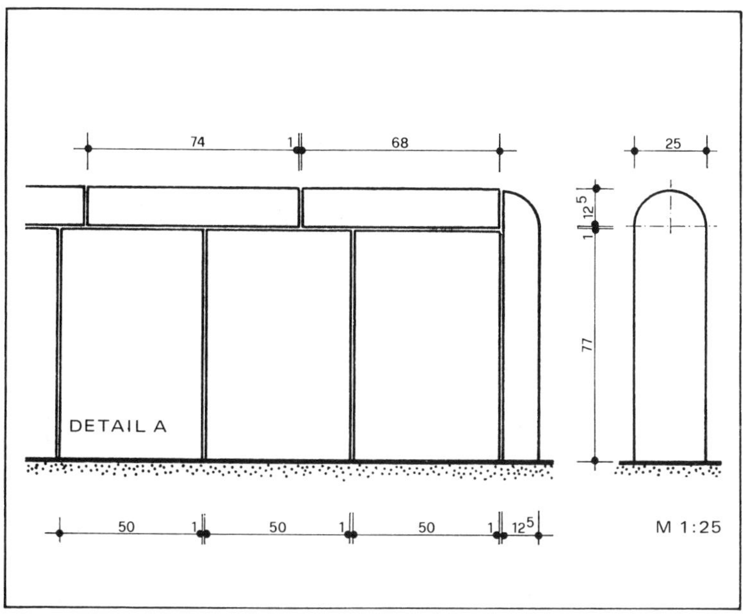

2

3

4

5

Die Geste der großen Steine verweist auf eine große Zeit. Frei von inhaltlicher Bestimmung verharren sie im Stande der Zeichen. Nur die niedrigen Abmessungen lassen sich besetzen. . .

The gestures of the large stones refer to a great expanse of time. Free from any significance they retain the status of simple signs. Only the low dimensions allow occupation. . .

1

Mauer	Wall	Mur
Kunstobjektbereich	Art area	Zone d'objet d'art
Kulturzone	Cultural area	Zone de culture
ORT: Berlin-West, Galerie des 20 Jahrhunderts		
KONZEPTION: Stadt Berlin		
DESIGN: Mies von der Rohe		
DETAIL A		
Granit	Granite	Granit
RAL 7032 Kieselgrau	Pebble gray	Gris silex
Glatt	Polished	Lissé
1 Übersicht	General view	Vue d'ensemble
2 Objekt	Subject	Objet
3 Ansicht	Full view	Vue
4 Besondere Stellen	Special positions	Positions spéciales
5 Varianten	Variations	Variantes

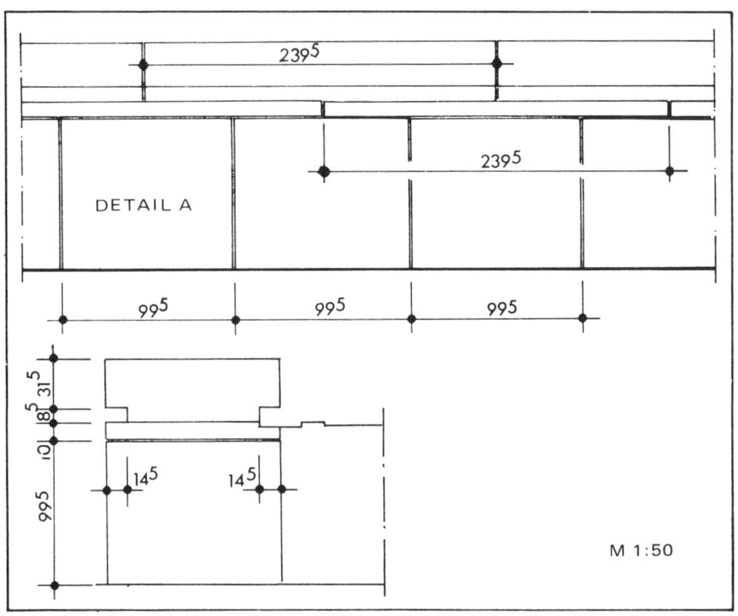

2

3

4

5

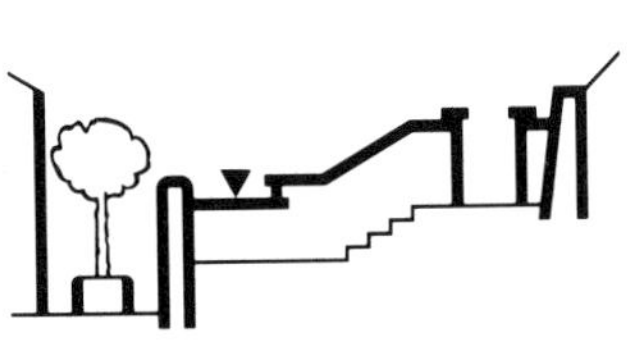

Wand	Wall	Mur
Übergangsbereich	Transition area	Zone de transition
Verkehrszone	Traffic area	Zone du trafic

ORT: Kopenhagen, Nationalbank, DK.,

DESIGN: Arne Jacobsen, Dissing und Weitling
DETAIL A

Marmor (Grönland)	Marble	Marbre
RAL 7038 Achatgrau	Agate gray	Gris agate
Glatt	Polished	Lissé
Poliert	Polished	Poli

1 Übersicht	General view	Vue d'ensemble
2 Objekt	Subject	Objet
3 Ansicht	Full view	Vue
4 Besondere Stellen	Special positions	Positions spéciales
5 Varianten	Variations	Variantes

... die großen Formate erwarten einen wahren Satz. Sie bieten die Linien, an die man sich halten kann, oder den rechteckigen Rahmen für ein Bild.

... the large formats demand a true sentence. They suggest lines to hold on to or the rectangular frame for a picture.

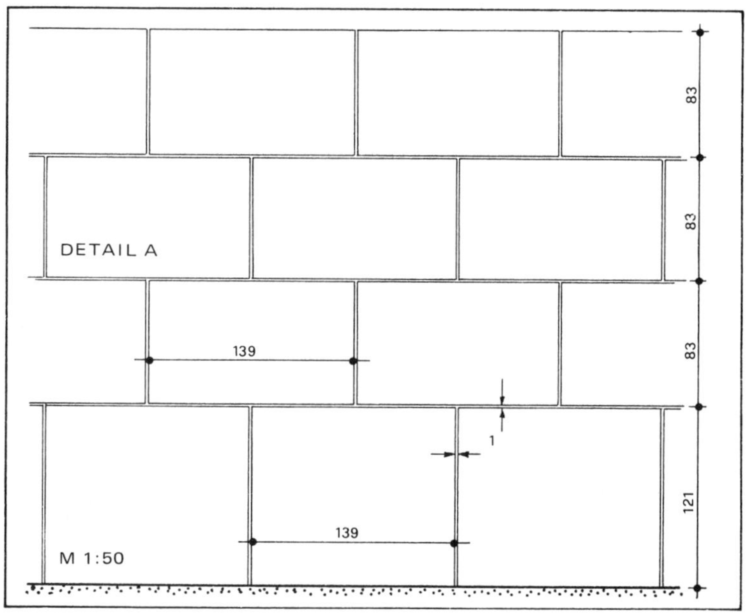

2

3

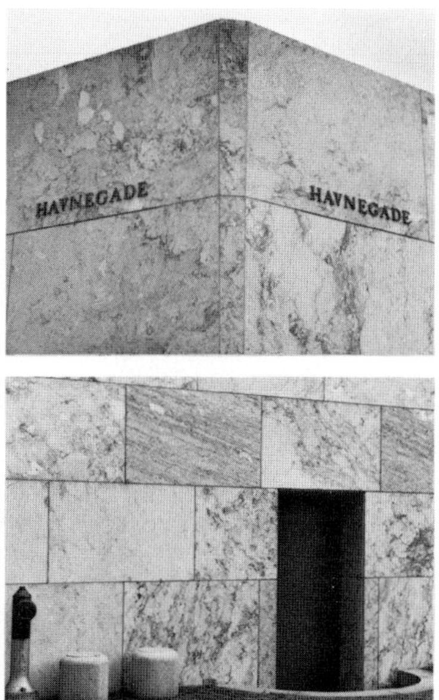

4

5

For the protection of the freedom of speech a stone rampart looms. Each paving-stone is verifiably assigned to its own place where it takes responsibility for the whole structure. Any hole would attract attention immediately.
One tries to decipher the deeper sense of the impressive picture which appears when looking over the edges and the vertex of the rampart. Do we see here a demonstration of the powerlessness of the citizen faced with the imposed opinion?

Bodenbelag-Wall	Floor coveringWall	Pavé-Mur
Eingangsbereich	Entrance area	Zone d'entrée
Verkehrszone	Traffic area	Zone du trafic

ORT: Arhus, Sender Arhus, DK.,

DESIGN: C. F. Moeller
DETAIL A

Granit	Granite	Granit
RAL 3012 Beige rot	Beige red	Rouge beige
Glatt	Polished	Lissé
Behauen	Casted	Taillé

1 Übersicht	General view	Vue d'ensemble
2 Objekt	Subject	Objet
3 Ansicht	Full view	Vue
4 Besondere Stellen	Special positions	Positions spéciales
5 Varianten	Variations	Variantes

Zur Verteidigung der Meinungsfreiheit ist ein Steinwall aufgetürmt. Jedem Pflasterstein ist nachprüfbar seine eigene Stelle zugewiesen, an der er die Verantwortung für das ganze Gefüge trägt. Jedes Loch würde sofort auffallen. Über die Ränder der Wallanlage und ihren Scheitelpunkt versucht man den tieferen Sinn des beeindruckenden Bildes zu entschlüsseln. Erblicken wir hier eine Demonstration der Ohnmacht des Bürgers gegenüber der gemachten Meinung?

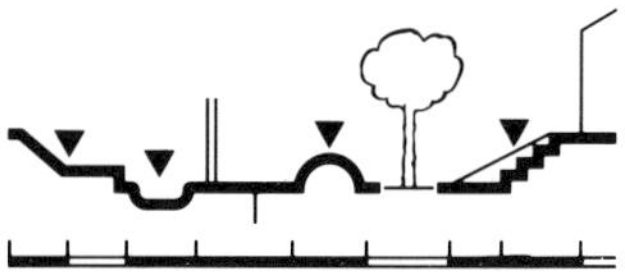

Man trägt der Burg schon im Tale an, daß sie zum Inbegriff werden soll für alle Festungen, die man jemals gesehen. Oben angekommen, erfüllt die Ruine diese Erwartung, indem sie alle Wege, Treppen, Rampen und sonstige Annäherungsmöglichkeiten anbietet, die man sich nur vorstellen kann. Nirgendwo Geländer, die nicht nur schützen sondern auch leiten und die Bewegungsfreiheit einschränken.

Already in the valley one realizes that the castle embodies all fortresses one has ever seen. At the top, the ruin fulfills this expectation; it offers all sorts of paths, steps, ramps and other possibilities of approach imaginable. No railings which not only protect, but also guide and restrict freedom of movement.

1

Rampe Eingangsbereich Kulturzone	Ramp Entrance area Cultural area	Rampe Zone d'entrée Zone de culture
ORT: Nauplion, Palamidi, GR		
DETAIL A Kalk RAL 7030 Steingrau Rauh Behauen	 Lime Stone gray Rough Cuted	 Chaux Gris pierre Rugueux Taillé
1 Übersicht 2 Objekt 3 Ansicht 4 Besondere Stellen 5 Varianten	General view Subject Full view Special positions Variations	Vue d'ensemble Objet Vue Positions spéciales Variantes

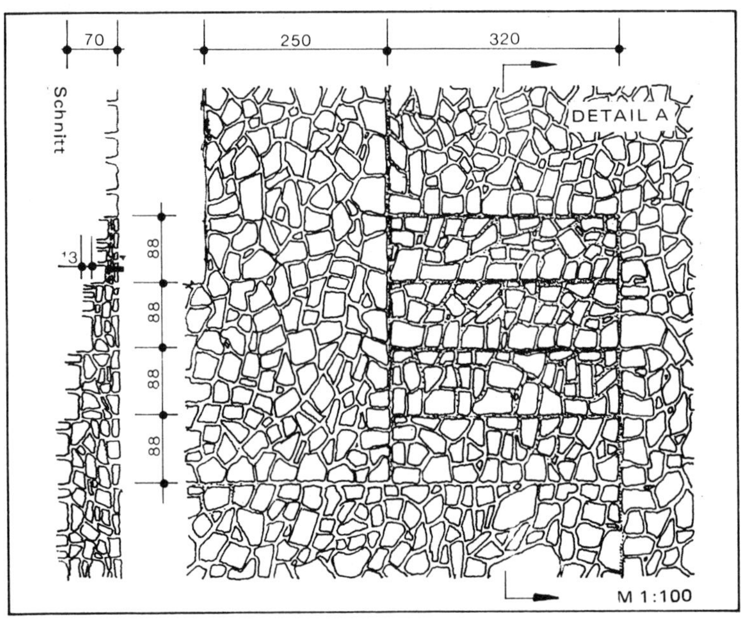

2

3

4

5

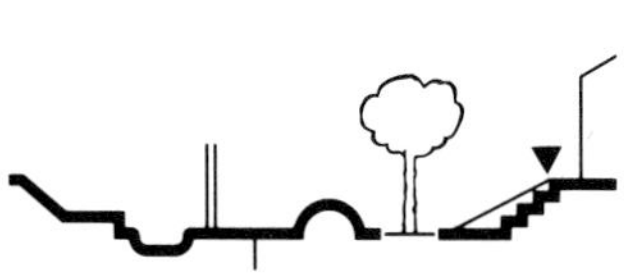

1

Mauer	Wall	Mur
Übergangsbereich	Transition area	Zone de transition
Verwaltungszone	Administration area	Zone d'administration
ORT: Limburg, Bischöfliches Ordinariat, D		
DETAIL A		
Basalt	Basalt	Basalte
RAL 7012 Basaltgrau	Basalt gray	Gris basalte
RAL 7024 Graphitgrau	Graphite gray	Gris graphite
Rauh	Rough	Rugueux
Behauen	Cuted	Taillé
Kalk	Lime	Chaux
RAL 7036 Platingrau	Platinum gray	Gris platine
RAL 3015 Hellrosa	Light pink	Rose clair
RAL 1002 Sandgelb	Sand yellow	Jaune sable
RAL 7035 Lichtgrau	Light gray	Gris clair
Rauh	Rough	Rugueux
Behauen	Cuted	Taillé
1 Übersicht	General view	Vue d'ensemble
2 Objekt	Subject	Objet
3 Ansicht	Full view	Vue
4 Besondere Stellen	Special positions	Positions spéciales
5 Varianten	Variations	Variantes

Die Wand ist als Querschnitt gedacht. Die tiefgreifenden, dunklen Elemente verdeutlichen ihr Ziel: Sie wirken wie die abgeschnittenen Enden von tragenden Holzbalken. Diese der Wandfläche entgegengesetzte Lage des Basalt erzeugt eine große grafische Kraft.

The wall is meant as a sectional view. The profound dark elements make its aim clear: they seem to be like cut off ends of supporting wooden girders. This position of the basalt, contrary to the wall surface, produces great graphical power.

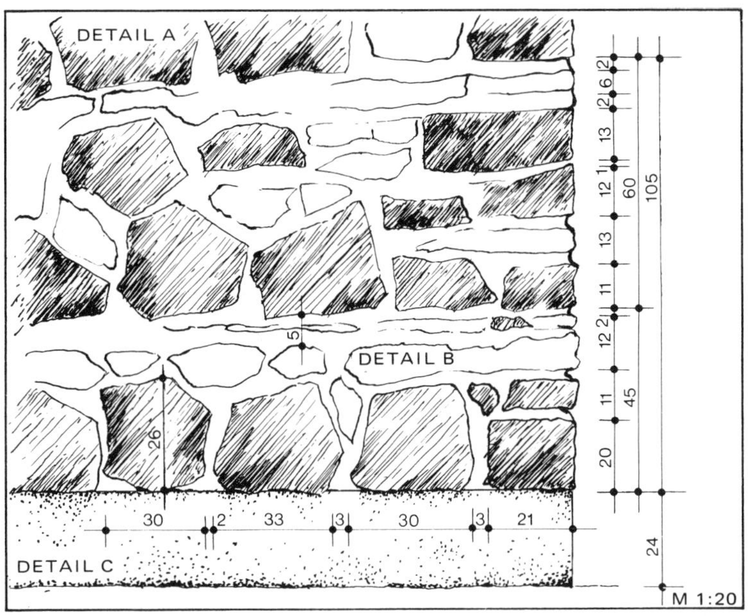

2

3

4

5

Only few walls look as if their shape can at each point be taken seriously. It makes no difference with these church walls by Rudolf Schwarz which section, no matter how small, one considers. One realizes at once that it belongs to a particular wall. Every 70 cm the horizontal layer expands to a line which encircles the whole wall. The perpendiculars again and again break into inclines which strive upwards and are accompanied and supported in this effort by little stones. In this structure particular climaxes are expressly underlined, e. g. another surface treatment, another sort of stone (basalt) which by nature tends similary emphazised. The wall has something to say. One has only to decipher the stones. Its entry is facilitated by figurative portrayals of the same language of forms.

1

Mauer	Wall	Mur
Übergangsbereich	Transition area	Zone de transition
Kulturzone	Cultural area	Zone de culture
ORT: Düren, St. Annakirche, D		
KONZEPTION: Stadt Düren		
DESIGN: Rudolf Schwarz, 1963		
DETAIL A		
Buntsandstein	New-red sandstone	Grès bigarre
RAL 3012 Beigerot	Beige red	Rouge beige
RAL 1000 Grünbeige	Green beige	Beige vert
RAL 3011 Braunrot	Brown red	Rouge brun
Rauh	Rough	Rugueux
Behauen	Cuted	Taillé
Scharriert	chared	dressé au ciseau
DETAIL B		
Blaubasalt	Basalt	Basalte
RAL 7021 Schwarzgrau	Black gray	Gris noir
Rauh	Rough	Rugueux
Behauen	Cuted	Taillé
I Übersicht	General view	Vue d'ensemble
2 Objekt	Subject	Objet
3 Ansicht	Full view	Vue
4 Besondere Stellen	Special positions	Positions spéciales
5 Varianten	Variations	Variantes

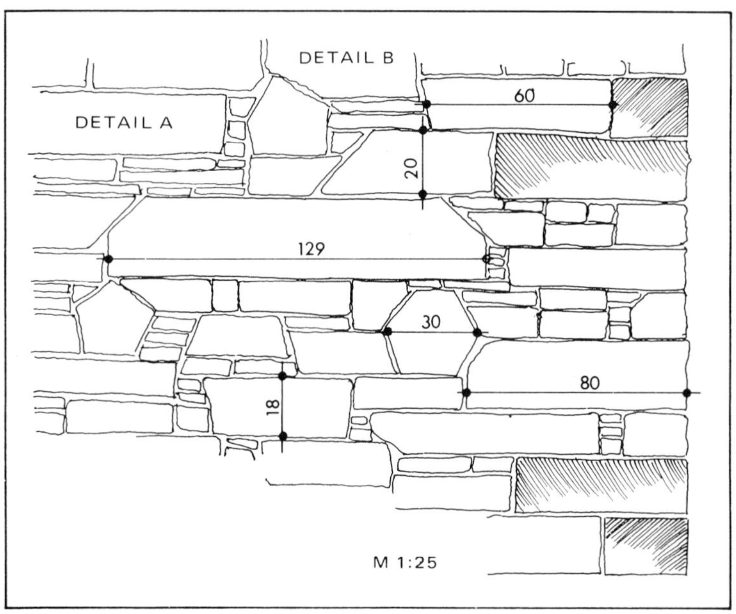

2

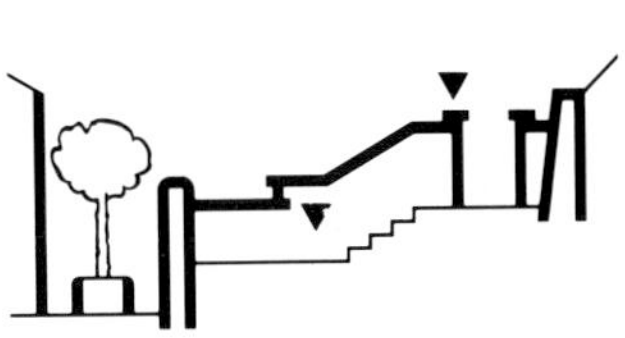

3

4

5

1

Mauer	Wall	Mur
Übergangsbereich	Transition area	Zone de transition
Kulturzone	Cultural area	Zone de culture
ORT: Düren, St. Annakirche, D		
KONZEPTION: Stadt Düren		
DESIGN: Rudolf Schwarz, 1958		
DETAIL A		
Buntsandstein	New-red sandstone	Grès bigarré
RAL 3012 Beigerot	Beige red	Rouge beige
RAL 1000 Grünbeige	Green beige	Beige vert
RAL 3011 Braunrot	Brown red	Rouge brun
Rauh	Rough	Rugueux
Behauen	Cuted	Taillé
Scharriert	Chared	dressé au ciseau
1 Übersicht	General view	Vue d'ensemble
2 Objekt	Subject	Objet
3 Ansicht	Full view	Vue
4 Besondere Stellen	Special positions	Positions spéciales
5 Varianten	Variations	Variantes

Nur wenigen Mauern kann man ansehen, daß ihre Gestalt an jeder Stelle ernstgenommen wird. Bei diesen Kirchenwänden von Rudolf Schwarz ist es egal, welchen noch so kleinen Ausschnitt man betrachtet. Man erkennt sofort, daß er zu einer bestimmten Mauer gehört. Die horizontale Schichtung verdichtet sich alle 70 cm zu einer waagerechten Linie, die die ganze Mauer umgürtet. Die Senkrechten brechen immerwieder in Schrägen aus, die alle aufwärts streben und bei diesem Versuch durch kleine Steine begleitet und unterstützt werden. Besondere Höhepunkte in dieser Struktur sind eigens herausgestellt, eine andere Oberflächenbehandlung, ein anderer Stein (Basalt), der von Natur aus die Schrägen mit sich führt. Auch die Ecken und Kanten als sichtbarer Abschluß sind in gleicher Weise ausgezeichnet. Die Wand hat etwas zu verkünden. Man muß nur die Steine entziffern. Den Einstieg erleichtern figürliche Darstellungen in der gleichen Formensprache.

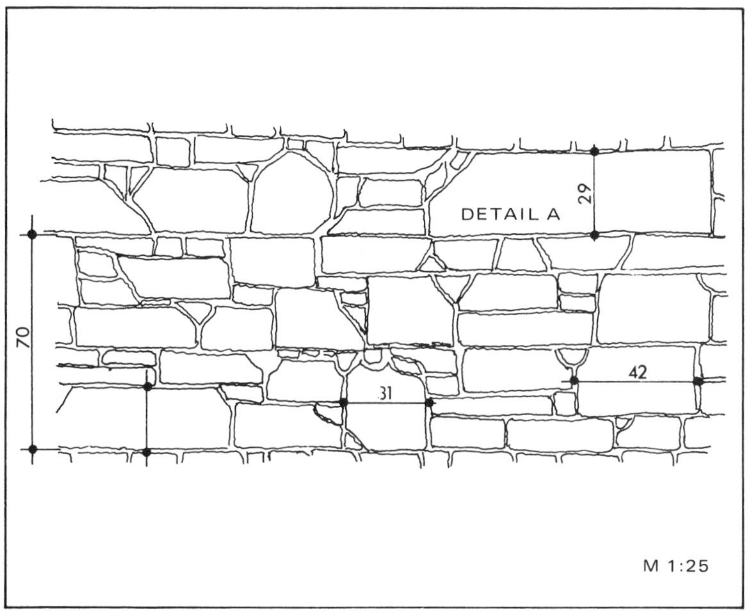

2

3

4

5

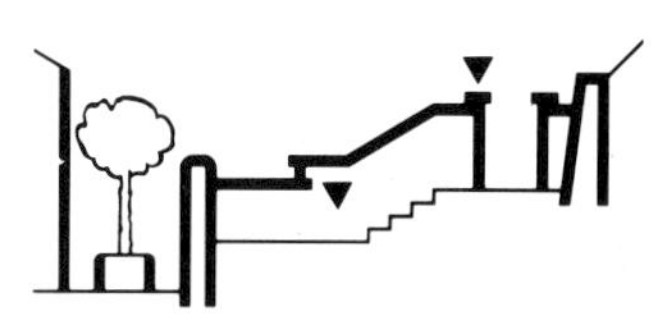

Each single stone in the inner court of the »palazzo« adopts its exactly predetermined position. The planning idea which prescribed the distance of the columns, thus confirming their calmness, determined also the exact arrangement of the interstices. Marble slabs and brick stones are bound together. One outlines the shape, directs, moves and points the other form, the other forms the foundation. Slim, small slabs — in contrast to this is a herringbone pattern which, towards the edge, frames itself and accompanies the bright lines. All particular points, such as centre-point, corner point, the connection of two stripes are especially carefully considered. One seems all over to recognize references to a design aim incorporating all elements.

1

Bodenbelag	Floor covering	Pavé
Eingangsbereich	Entrance area	Zone d'entrée
Kulturzone	Cultural area	Zone de culture
ORT: Urbino, Palazzo / Innenhof, I		
DETAIL A		
Ziegel	Brick	Brique
RAL 3012 Beige rot	Beige red	Rouge beige
Rauh	Rough	Rugueux
Gebrannt	Baked	Cuite
DETAIL B		
Marmor	Marble	Marbre
RAL 9004 Cremeweiß	Cream	Blanc crème
Rauh	Rough	Rugueux
Behauen	Cuted	Taillé
1 Übersicht	General view	Vue d'ensemble
2 Objekt	Subject	Objet
3 Ansicht	Full view	Vue
4 Besondere Stellen	Special positions	Positions spéciales
5 Varianten	Variations	Variantes

Jeder einzelne Stein im Innenhof des Palazzos nimmt die Stelle ein, die ihm von langer Hand zugedacht ist. Der planende Gedanke, der den Abstand der Säulen festlegte und damit ihre Ruhe bekräftigt, bestimmte auch die genaue Anordnung der Fugen. Marmorplatten und Ziegelsteine sind miteinander verbunden. Der eine umreißt die Form, verweist, bewegt und bezeichnet, der andere dagegen bildet den Grund. Schlanke, schmale Platten, dagegen steht ein Fischgrätengewirk, das zum Rand hin in die Einrahmung seiner selbst und die Begleitung der hellen Linien übergeht. Alle besonderen Stellen wie Mittelpunkt, Eckpunkt, Verbindung zweier Streifen sind mit besonderer Sorgfalt durchdacht. Überall meint man Hinweise zu erkennen, die auf ein für alle Elemente verbindliches Gestaltungsziel hinweisen.

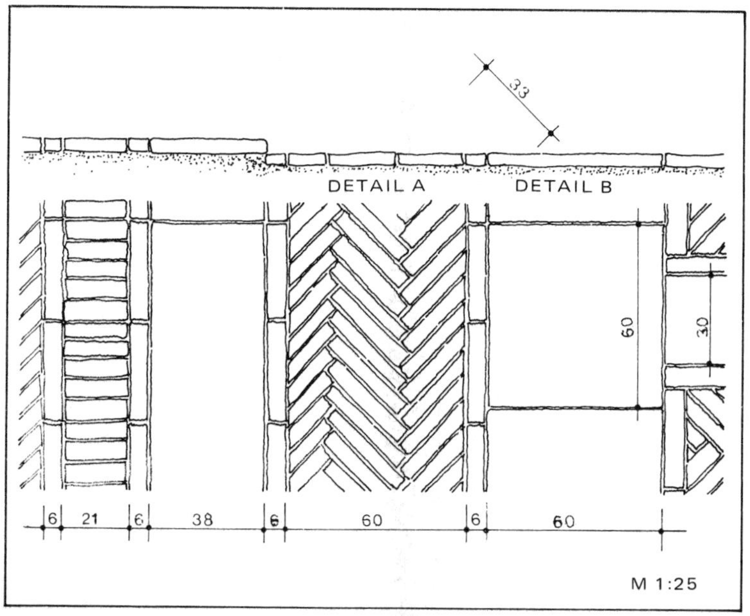

2

3

4

5

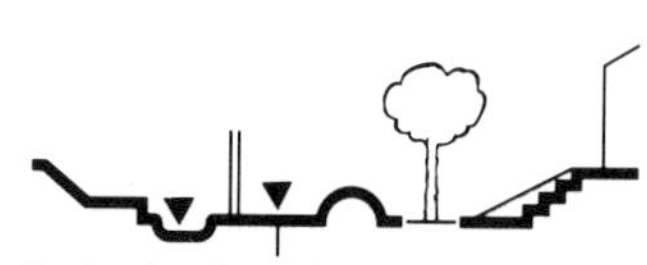

Der lichte Innenraum einer Bank ist nicht nur durch seine besonders gestalteten Fensterflächen mit der Außenwelt verbunden, auch das Pflaster erinnert daran, daß hier eine Verbindung nach draußen gesucht wird. Metallklammern stellen den Zusammenhang her zu den großen, gleichfarbigen Platten, die man an dieser Stelle erwartet.

The bright inner space of a bank is not only related to the outer world by specially designed window-surfaces, but also the paving reminds us of the fact that a union with the outer world is looked for. Metal clamps provide the relation to the large slabs of the same colour which are expected at this position.

1

Bodenbelag	Floor covering	Pavé
Eingangsbereich	Entrance area	Zone d'entrée
Einkaufszone	Shopping area	Zone des achats
ORT: Aachen, Deutsche Bank. D.,		
DETAIL A		
Granit	Granite	Granit
RAL 7026 Granitgrau	Granite gray	Gris granit
Rauh	Rough	Rugueux
Behauen	Cuted	Taillé
DETAIL A		
Basalt	Basalt	Basalte
RAL 7031 Blaugrau	Blue gray	Gris bleu
Rauh	Rough	Rugueux
Gesägt	Sawed	Scié
DETAIL C		
Aluminium	Aluminium	Aluminium
Glatt	Polished	Lissé
Gegossen	Casted	Moulé
1 Übersicht	General view	Vue d'ensemble
2 Objekt	Subject	Objet
3 Ansicht	Full view	Vue
4 Besondere Stellen	Special positions	Positions spéciales
5 Varianten	Variations	Variantes

2

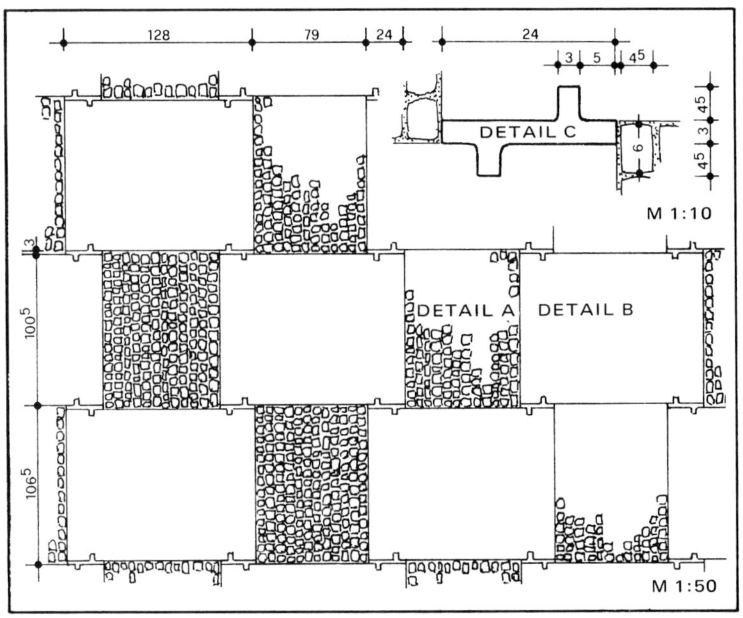

3

3

5

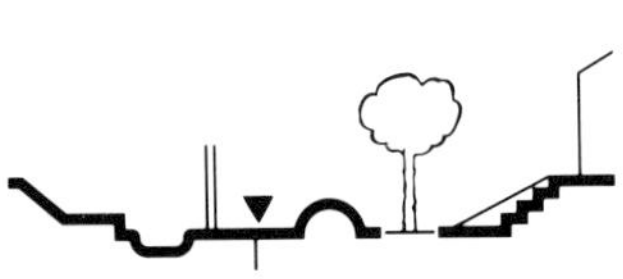

1

Bodenbelag	Floor covering	Pavé
Eingangsbereich	Entrance area	Zone d'entrée
Kulturzone	Cultural area	Zone de culture

ORT: Berlin Ost, Palast der Republik, Engelsplatz, DDR

DETAIL A		
Marmor	Marble	Marbre
RAL 3012 Beigerot	Beige red	Rouge beige
RAL 1000 Grünbeige	Green red	Beige vert
RAL 3011 Braunrot	Brown red	Rouge brun
Glatt	Polished	Lissé
Poliert	Polished	Poli

1 Übersicht	General view	Vue d'ensemble
2 Objekt	Subject	Objet
3 Ansicht	Full view	Vue
4 Besondere Stellen	Special positions	Positions spéciales
5 Varianten	Variations	Variantes

Polierter Marmor verleiht Glanz und schenkt dem Palast Licht an ungewohnter Stelle. Es gefällt, daß man auf das bekannte Quadrat als Symbol der Mitte verzichtet. Es wird zwar zitiert, doch sofort wieder durch diagonale Streifen gestrichen.

Polished marble imparts brightness and gives light to the palace in unusual places. It is pleasing that the famous square as symbol of the centre has been dispersed with. It is indeed mentioned, but it is at once crossed by diagonal stripes.

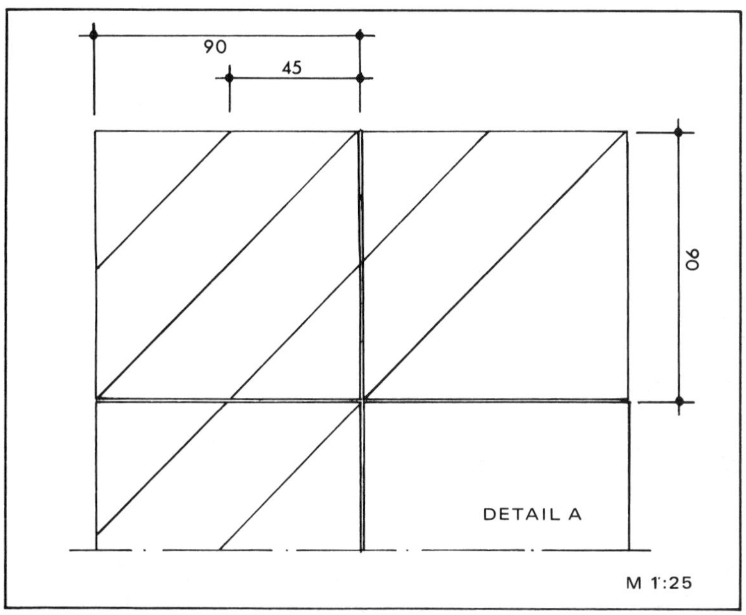

2

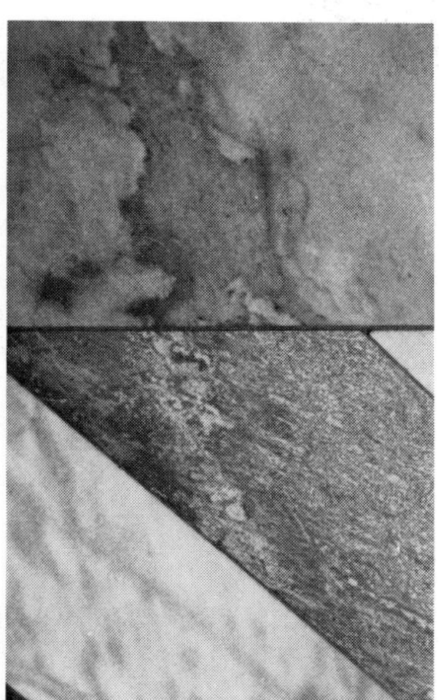

3

4

5

Pavements

Bürgersteige

Im Randstreifen eines alten Weges unter großen Bäumen wird das kunstvolle Handwerk des Pflasterns bewahrt. Das Ulmer Weiß ist nicht frostfest und zerreißt mit der Zeit die hellen Linien zu immer kleineren Mosaikteilchen.

By the wayside of an old path, under great trees, the skillful craft of paving is preserved. The »Ulmer Weiß« paving is not frost-resistant and the bright lines rend in course of time to smaller mosaic-pieces.

1

Bodenbelag	Floor covering	Pavé
Ubergangsbereich	Transition area	Zone de transition
Straße	Street	Rue
ORT: Aachen, Ludwigsallee		
KONZEPTION: Stadt Aachen		
DETAIL A		
Grauwacke	Graywacke	Grès des houillères
RAL 7034 Gelbgrau	Yellow gray	Gris jaune
Rauh	Rough	Rugueux
Behauen	Cuted	Taillé
DETAIL B		
Porphyr	Porphyr	Porphyr
RAL 3009 Oxydrot	Oxide red	Rouge oxyde
Rauh	Rough	Rugueux
Behauen	Cuted	Taillé
DETAIL C		
Basalt	Basalt	Basalte
RAL 7031 Blaugrau	Blue gray	Gris bleu
Ulmerweiß		
RAL 9001 Cremeweiß	Cream	Blanc crème
1 Ubersicht	General view	Vue d'ensemble
2 Objekt	Subject	Objet
3 Ansicht	Full view	Vue
4 Besondere Stellen	Special positions	Positions spéciales
5 Varianten	Variations	Variantes

2

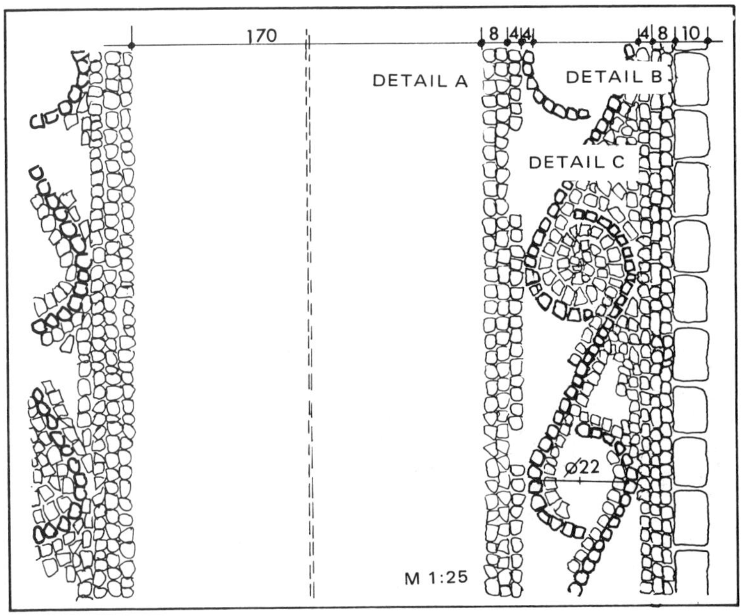

3

4

5

1

Bodenbelag	Floor covering	Pavé
Übergangsbereich	Transition area	Zone de transition
Straße	Street	Rue
ORT: Berlin, D		
DETAIL A		
Granit	Granite	Granit
RAL 7032 Kieselgrau	Pebble gray	Gris silex
Glatt	Polished	Lissé
Behauen	Cuted	Taillé
DETAIL B		
Granit	Granite	Granit
RAL 7038 Achatgrau	Agate gray	Gris agate
Rauh	Rough	Rugueux
Behauen	Cuted	Taillé
1 Übersicht	General view	Vue d'ensemble
2 Objekt	Subject	Objet
3 Ansicht	Full view	Vue
4 Besondere Stellen	Special positions	Positions spéciales
5 Varianten	Variations	Variantes

Für Berlin ist die besondere Ausbildung des Bürgersteiges ein Kennzeichen, das alle Stadtteile verbindet. Neben der großzügig bemessenen Breite und der Verwendung von Naturstein (Granit), besticht vor allem die konsequente Form. Wichtige Stellen wie Bordstein und Ganglinien sind flächenhaft und glatt ausgeführt. Der Raum dazwischen ist aus Mosaikpflaster und für alle aufragenden Elemente vorgesehen (Bäume, Laternen, Verkehrszeichen u. a.).

The particular formation of pavements is a distinguishing mark of Berlin which connects all districts. Besides the generous width and the use of stone (granite) it is the persistent form which amazes. Important spots such as curbstone and walking lines are constructed in smooth surfaces. The space between them is made of mosaic paving and intended for such elements as trees, lanterns, traffic signs etc.

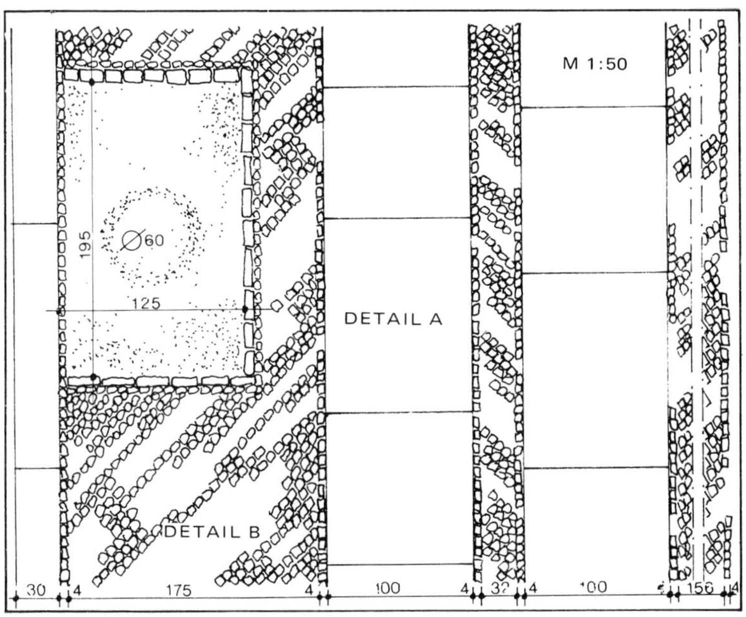

2

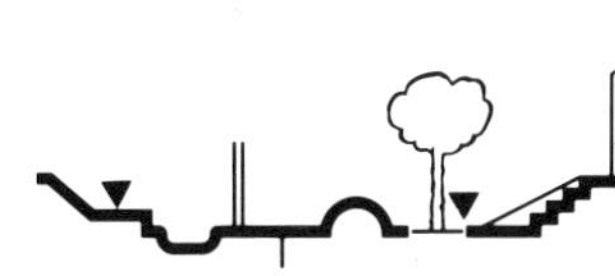

3

4

5

Die in Kopenhagen gebräuchliche Form der schmalen, glatten Gehwegspur im Granitpflaster wird flexibel gehandhabt, so daß sie entlang öffentlicher Gebäude auf deren besondere Struktur eingehen kann. Vor diesem Museum wird ein sehr heller Granit verwendet und das Pflaster ist regelmäßig verlegt, passend zum Raster der Marmorfassaden.

The form of small, smooth pavement tracks in granite-pavings which is in use at Copenhagen is handled flexibly, so that along public buildings it can combly with their special structure. In front of this museum a very light sort of granite is used and the paving-stones are laid regularly corresponding to the pattern of the marble facades.

1

Bodenbelag	Floor covering	Pavé
Übergangsbereich	Transition area	Zone de transition
Verkehrszone	Traffic area	Zone du trafic

ORT: Aalborg, Museum von Nord Jütland, DK.,

DETAIL A		
Granit	Granite	Granit
RAL 7035 Lichtgrau	Light gray	Gris clair
Glatt	Polished	Lissé
Gesägt	Sawed	Scié
DETAIL B		
Granit	Granite	Granit
RAL 7036 Platingrau	Platinum gray	Gris platine
Rauh	Rough	Rugueux
Behauen	Cuted	Taillé

1 Übersicht	General view	Vue d'ensemble
2 Objekt	Subject	Objet
3 Ansicht	Full view	Vue
4 Besondere Stellen	Special positions	Positions spéciales
5 Varianten	Variations	Variantes

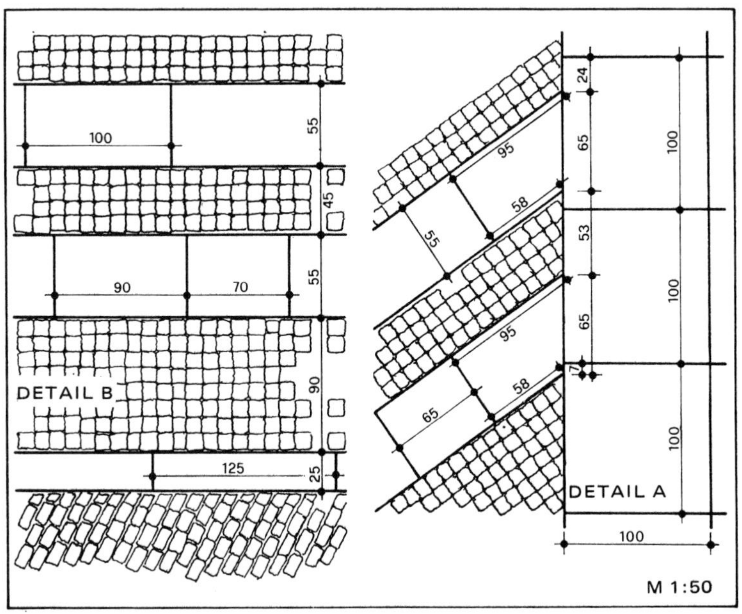

2

3

4

5

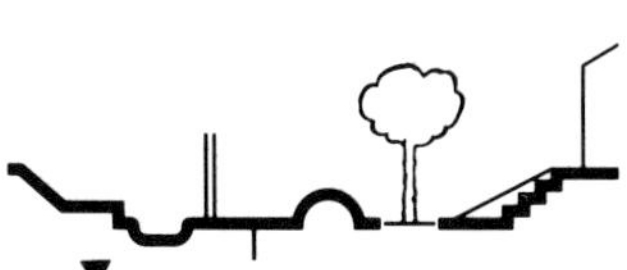

1

Mauer	Wall	Mur
Eingangsbereich	Entrance area	Zone d'entrée
Verwaltungszone	Administration area	Zone d'administration

ORT: Hannover, Podbilskistraße, D
KONZEPTION: Löser und Partner

DESIGN: Joachim Adam, 1977
DETAIL A

Granit	Granite	Granit
RAL 7026 Granitgrau	Granite gray	Gris granit
Rauh	Rough	Rugueux
Behauen	Cuted	Taillé

1 Übersicht	General view	Vue d'ensemble
2 Objekt	Subject	Objet
3 Ansicht	Full view	Vue
4 Besondere Stellen	Special positions	Positions spéciales
5 Varianten	Variations	Variantes

Die senkrecht versetzten Granitriegel erinnern an die Begrenzungen im Tessin und an Holzpfähle im Meer. Vom öffentlichen Gehweg sind sie durch ein Pflaster aus dem gleichen Material getrennt. Es umspielt die Füße der Steinsäulen und füllt die Flächen zwischen Stufen. Es scheint von dem Vorplatz des Gebäudes herabzufließen, zu dem die Treppe führt.

The vertically staggered granite bolts remind us of the borders in Ticino and of wooden pillars in the sea. They are separated from the public pavement by pavingstones of the same material. It plays around the feet of the pillars and fills the surfaces between the steps. It seems to flow down from the fore-court of the building to which the step leads.

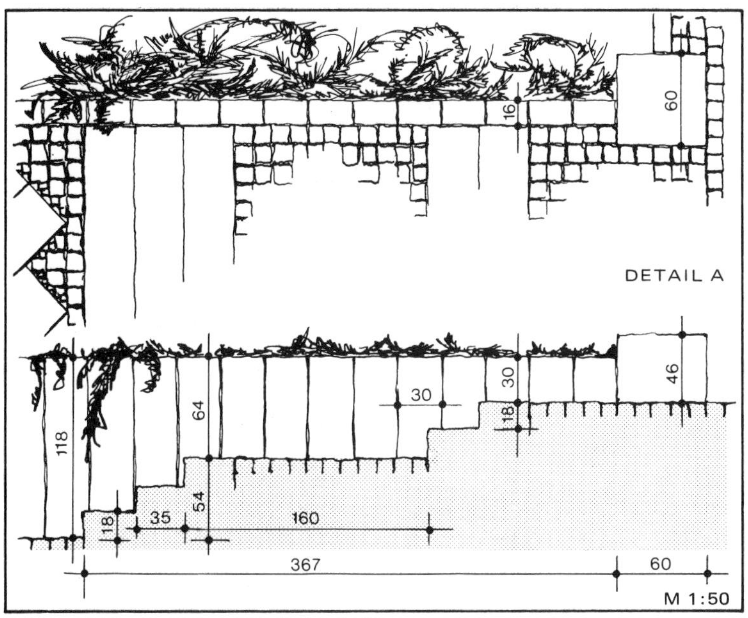

2

3

4

5

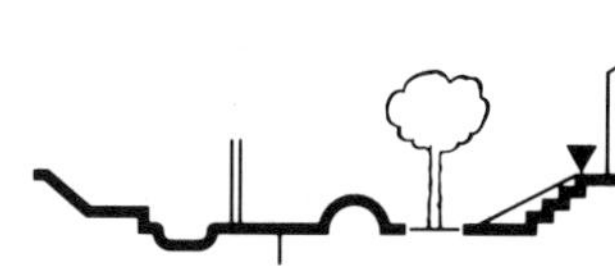

Der Strom der Fußgänger wird so gelenkt, daß eine schnelle und eine ruhige Seite entsteht. Um das zu erreichen, scheint das Pflaster wie Schleusentore hochgezogen worden zu sein.

The stream of the pedestrians is directed in such a manner that a hasty and a calm side is formed. To achieve this the paving seems to have been lifted up like floodgates.

Mauer-Beet	Wall-Bed	Mur-Planche
Ubergangsbereich	Transition area	Zone de transition
Verkehrszone	Traffic area	Zone du trafic

ORT: Holstebro, Ostergade, DK.,

DETAIL A		
Ziegel	Brick	Brique
RAL 2001 Rotorange	Redorange	Orange
Rauh	Rough	Rugueux
Gebrannt	Baked	Cuite

1 Übersicht	General view	Vue d'ensemble
2 Objekt	Subject	Objet
3 Ansicht	Full view	Vue
4 Besondere Stellen	Special positions	Positions spéciales
5 Varianten	Variations	Variantes

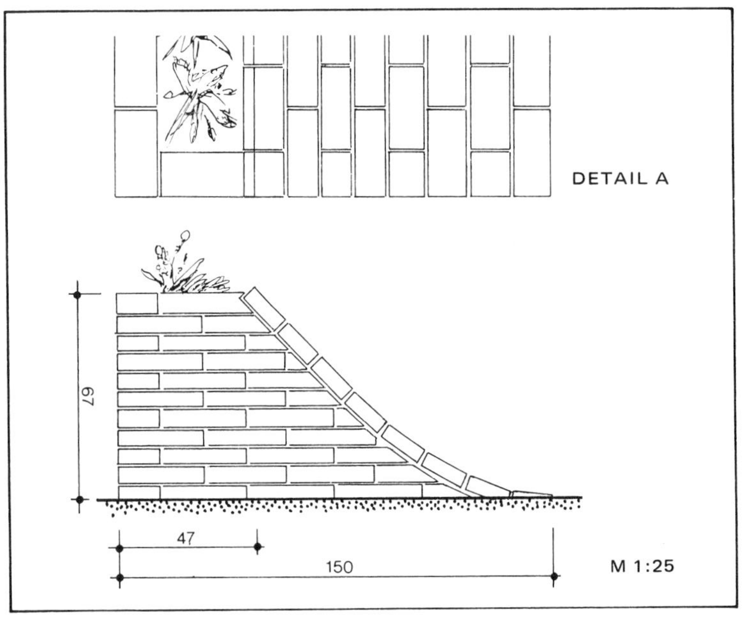

2

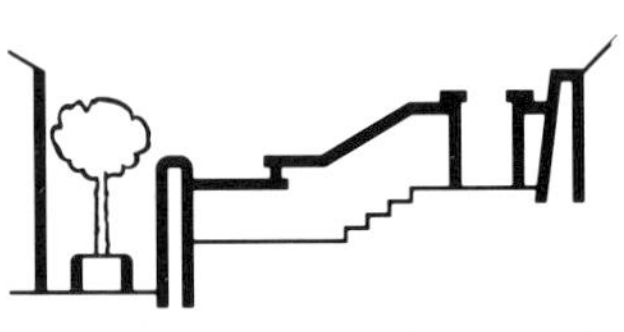

3

4

5

1

Mauer	Wall	Mur
Verfügungsbereich	Disposition area	Zone de disposition
Fußgängerzone	Pedestrian area	Zone pour piétons
ORT: Kopenhagen, DK.,		
DETAIL A		
Granit	Granite	Granit
RAL 7031 Blaugrau	Blue grey	Gris bleu
Glatt	Polished	Lissé
Poliert	Polished	Poli
DETAIL B		
Ziegel	Brick	Brique
RAL 7031 Blaugrau	Blue gray	Gris bleu
Rauh	Rough	Rugueux
Gebrannt	Baked	Cuite
1 Übersicht	General view	Vue d'ensemble
2 Objekt	Subject	Objet
3 Ansicht	Full view	Vue
4 Besondere Stellen	Special positions	Positions spéciales
5 Varianten	Variations	Variantes

Das ungewohnte Bild der senkrecht verlegten Ziegel wird durch ein Steinband zusammengehalten in den bekannten Maßen (25 x 100).

The unusual picture of vertically laid bricks is tied together with a stone-band in the usual dimensions (25 x 100).

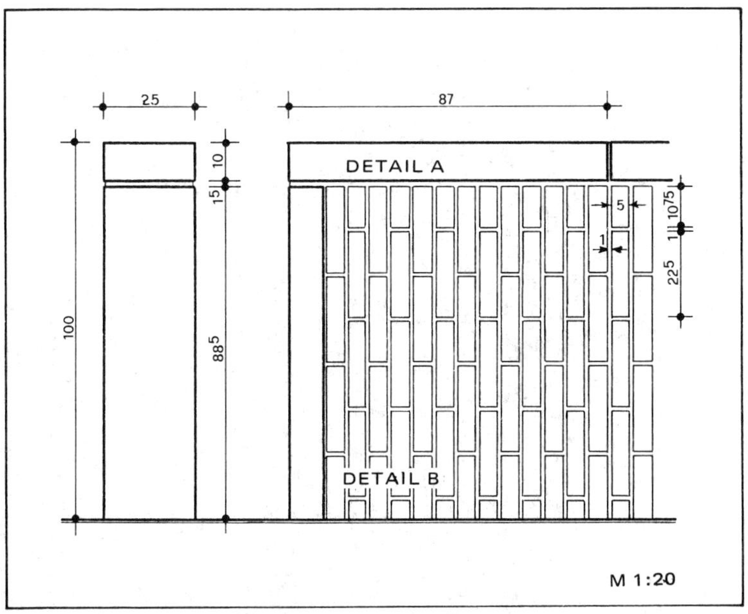

2

3

5

Die ganze Straße aus Klinker, aber Gehen und Fahren findet auf getrennten Flächen statt: Bürgersteig und Fahrdamm. Man sieht ihnen ihre unterschiedliche Bedeutung an. Das Muster ist der jeweiligen Geschwindigkeit angemessen. Der gefährliche Raum zwischen ihnen wird mehrfach herausgestrichen: Wechsel im Niveau, Wechsel im Material, Wechsel in der Linienführung.

The whole street consists of clinkers, but walking and driving take place on separate surfaces: pavement and roadway. Their different meanings are clearly to be seen. The pattern is adapted to the respective speeds. The dangerous space between them is underlined repeatedly: changes of level, changes of material, changes of line.

1

Bodenbelag	Floor covering	Pavé
Übergangsbereich	Transition area	Zone de transition
Straße	Street	Rue
ORT: Uelzen, Pastorenstraße, D		
KONZEPTION: Stadt Uelzen		
DETAIL A		
Granit	Granite	Granit
RAL 7037 Staubgrau	Dusty gray	Gris poussière
Rauh	Rough	Rugueux
Behauen	Cuted	Taillé
DETAIL B		
Klinker	Clinker	Brique recuite
RAL 3005 Weinrot	Wine red	Rouge vin
Rauh	Rough	Rugueux
Gebrannt	Baked	Cuite
DETAIL C		
Klinker	Clinker	Brique recuite
RAL 8014 Sepiabraun	Sepia brown	Brun sépia
Glatt	Polished	Lissé
Gebrannt	Baked	Cuite
1 Übersicht	General view	Vue d'ensemble
2 Objekt	Subject	Objet
3 Ansicht	Full view	Vue
4 Besondere Stellen	Special positions	Positions spéciales
5 Varianten	Variations	Variantes

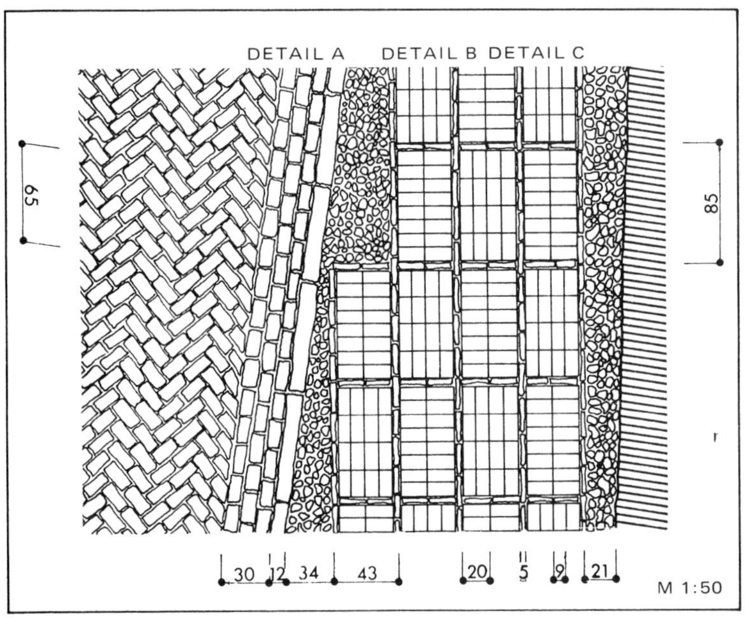

2

3

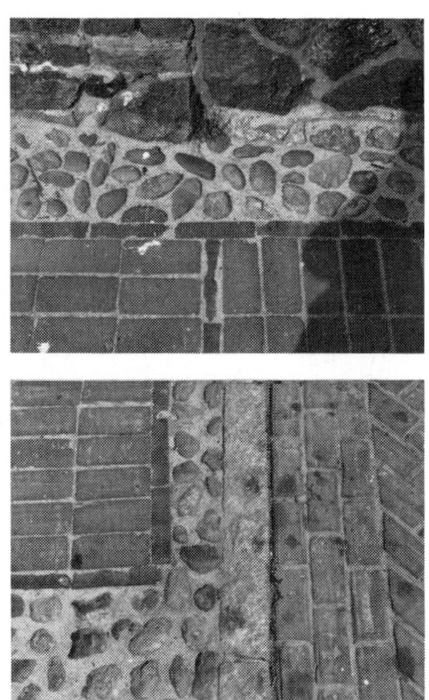

4

5

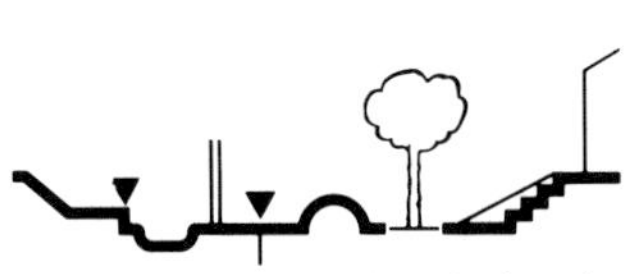

1

Bodenbelag	Floor covering	Pavé
Übergangsbereich	Transition area	Zone de transition
Verkehrszone	Traffic area	Zone du trafic
ORT: Berlin-West, Kurfürstendamm, D.		
DETAIL A		
Granit	Granite	Granit
RAL 7035 Lichtgrau	Lightgray	Gris clair
Glatt	Polished	Lissé
Gesägt	Sawed	Scié
DETAIL B		
Granit	Granite	Granit
RAL 3012 Beige rot	Beige red	Rouge beige
Rauh	Rough	Rugueux
Geschlagen	Processed	Frappé
1 Übersicht	General view	Vue d'ensemble
2 Objekt	Subject	Objet
3 Ansicht	Full view	Vue
4 Besondere Stellen	Special positions	Positions spéciales
5 Varianten	Variations	Variantes

Dem Verkehrsstrom auf dem Kurfürstendamm wird ein grüner Mittelstreifen abgerungen. Um das Neuland langfristig halten zu können, ist bei der Gestaltung eine Formensprache gewählt, die wir von gefährdeten Küsten kennen. An den Schrägen prallt die Brandung ab. Zwischendurch eröffnet sich dem Fußgänger ein geschützter Übergang.

The central green reservation is wrested from the traffic stream at the Kurfürstendamm. For the long-term preservation of the reclaimed land a language of form has been chosen in the design which we know from endangered coasts. The surf rebounds off the slopes. In between, a protected passage opens up for walker.

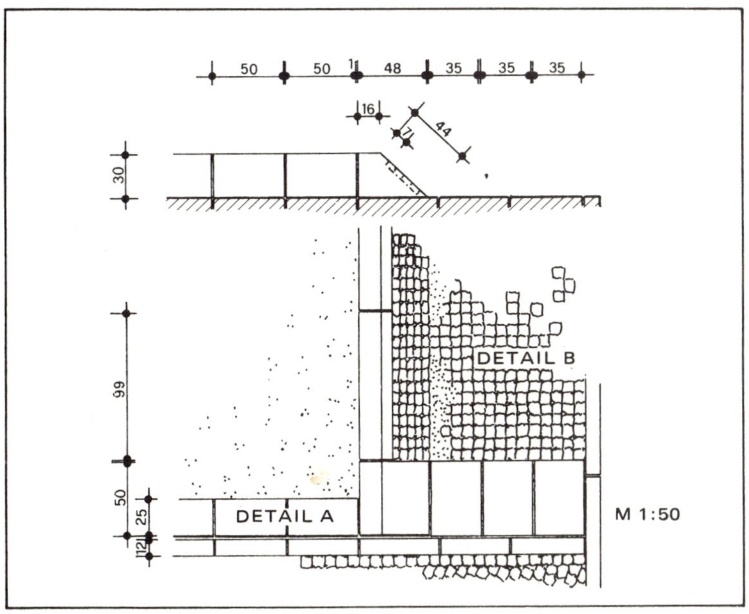

2

3

5

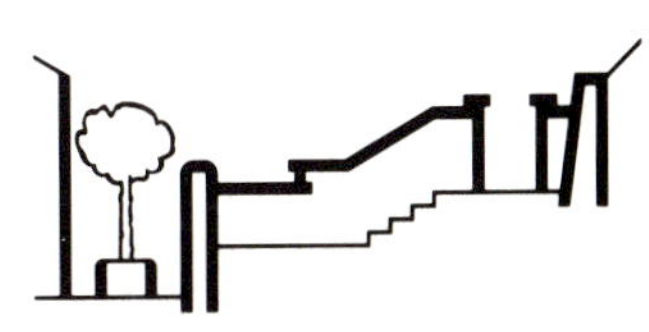

Walking-, Driving-, Parking Areas

Geh-, Fahr-, Parkflächen

Schmale Gehwegplatten und runde Betonpfähle markieren die Spur für den Fußgänger in der weiten Pflasterfläche. Die Rinne und die Struktur der größeren Steinköpfe verweisen auf die für den Schwerverkehr geeignete Fläche. Das Bild des Kais bleibt als Einheit erhalten.

Small pavement slabs and round concrete pillars mark out the track for the pedestrian on the broad paving surfaces. The channel and the structure of the larger stones indicate a surface suited to heavy traffic. The picture of the quay is preserved as a unity.

1

Bodenbelag	Floor covering	Pavé
Übergangsbereich	Transition area	Zone de transition
Verkehrszone	Traffic area	Zone du trafic
ORT: Kopenhagen, Torvegade, DK.		
DETAIL A		
Granit	Granite	Granit
RAL 3012 Beige rot	Beige red	Rouge beige
RAL 1019 Graubeige	Gray beige	Beige gris
Rauh	Rough	Rugueux
DETAIL B		
Beton	Concrete	Béton
RAL 7032 Kieselgrau	Pebble gray	Gris silex
Rauh	Rough	Rugueux
Gegossen	Casted	Moulé
1 Übersicht	General view	Vue d'ensemble
2 Objekt	Subject	Objet
3 Ansicht	Full view	Vue
4 Besondere Stellen	Special positions	Positions spéciales
5 Varianten	Variations	Variantes

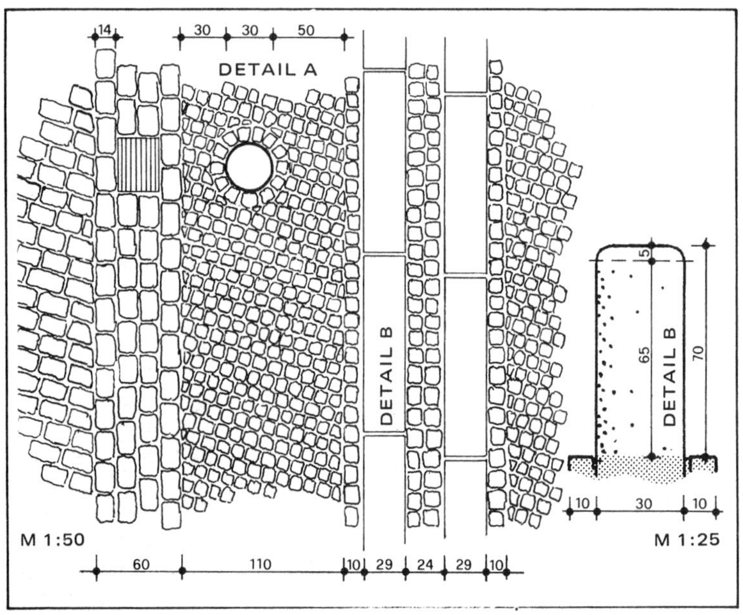

2

3

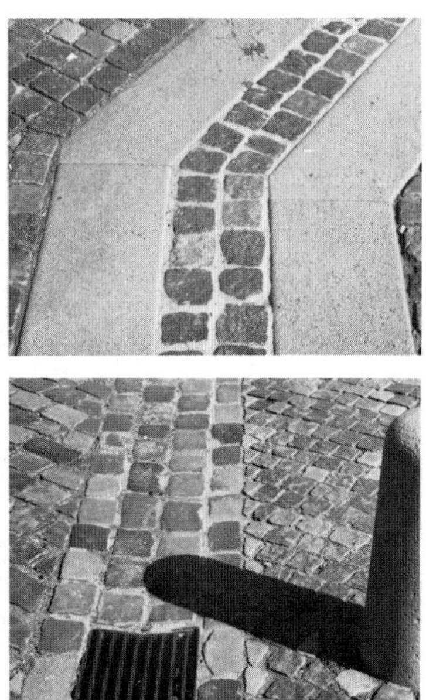

4

5

1

Bodenbelag	Floor covering	Pavé
Übergangsbereich	Transition area	Zone de transition
Fußgängerzone	Pedestrian area	Zone p.l. piétons
ORT: Aachen, Burtscheid, D.		
KONZEPTION: Stadt Aachen		
DESIGN: Hans Kaldenbach		
DETAIL A		
Basaltlava	Basalt	Basalte
RAL 7015 Schiefergrau	Slate gray	Gris ardoise
Rauh	Rough	Rugueux
Gesägt	Sawed	Scié
DETAIL B		
Granit	Granite	Granit
Grauwacke	Graywacke	Gres des houillères
RAL 7034 Gelbgrau	Yellow gray	Gris jaune
RAL 1020 Olivgelb	Oliv yellow	Jaune olivc
RAL 1011 Braunbeige	Brown beige	Beige brun
Rauh	Rough	Rugueux
Behauen	Cuted	Taillé
1 Übersicht	General view	Vue d'ensemble
2 Objekt	Subject	Objet
3 Ansicht	Full view	Vue
4 Besondere Stellen	Special positions	Positions spéciales
5 Varianten	Variations	Variantes

Basaltplatten bestimmen den Rahmen des steilen Weges. Sie stellen im Rhythmus der Schritte und in den Maßen des Kopfsteinpflasters auch die notwendigen Querverbindungen her zu den Rändern. Die einzelnen rechteckigen Platten wechseln dabei ihre Richtung und verschieben sich um ein oder zwei Steinreihen. So wird auch dem Auge, das beim Anstieg der Wirkung des Belages ausgesetzt ist, ein Zeichen für das Steigen vermittelt.

Basalt slabs determine the frame of the steep way. They establish through the rhythm of the steps and the dimensions of the cobblestone pavements the necessary cross connection to the edges. In so doing the single rectangular slabs change direction and are displaced by one or two rows of stone. Thus, the ascending eye which is arrested by the effect of the covering is given a signal for the ascent.

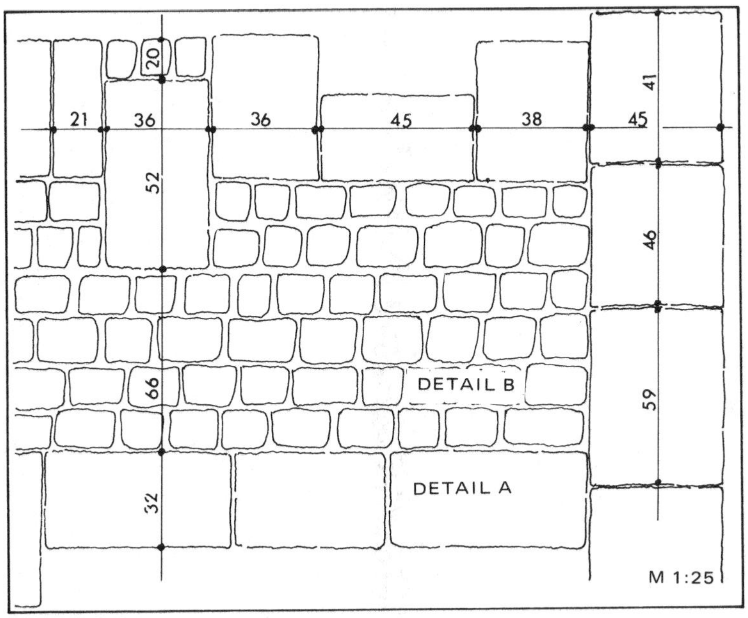

2

3

4

5

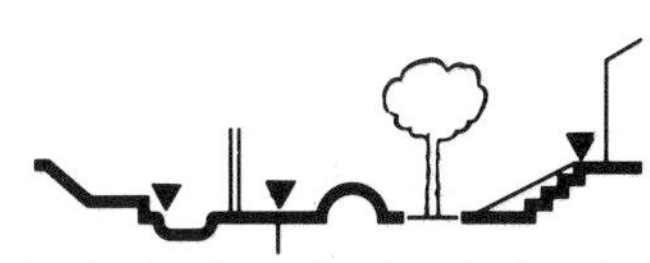

Die kleinteilige Struktur des Bodenbelages paßt sich allen Unebenheiten und Verschiebungen des Geländes an. Wie gewebt wirkt das Muster, als sei der Straßenraum mit Teppich ausgelegt. Vergleichbar auch das Verhalten auf den Steinen: Man achtet das Ornament und geht und fährt angemessen. Die neuartigen Geräusche kommen dazu.

The small dimensioned structure of the floor covering adjusts to all unevennesses and shiftings of the country. The pattern seems to be weaved as if the street was covered by a carpet: one pays attention to the ornament and walks and drives accordingly. Novel sounds add to the effect.

1

Bodenbelag Verfügungsbereich Wohnzone	Floor covering Disposition area Living area	Pavé Zone de disposition Zone résidentielle
ORT: Altea, Calle Medico Serra, E		
DETAIL A Kiesel RAL 1014 Elfenbein Glatt	 Pebble Ivory Polished	 Caillou Ivoire Lissé
DETAIL B Kiesel RAL 5008 Graublau Glatt	 Pebble Gray blue Polished	 Caillou Bleu gris Lissé
1 Übersicht 2 Objekt 3 Ansicht 4 Besondere Stellen 5 Varianten	General view Subject Full view Special positions Variations	Vue d'ensemble Objet Vue Positions spéciales Variantes

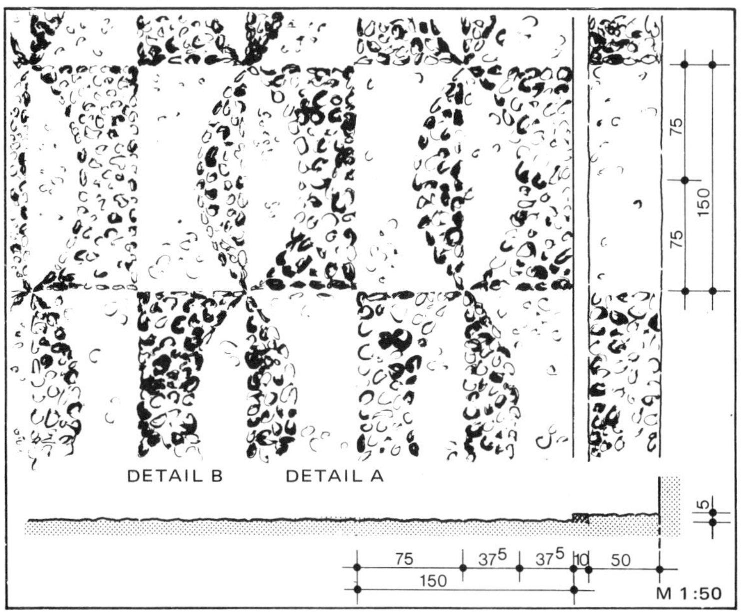

2

3

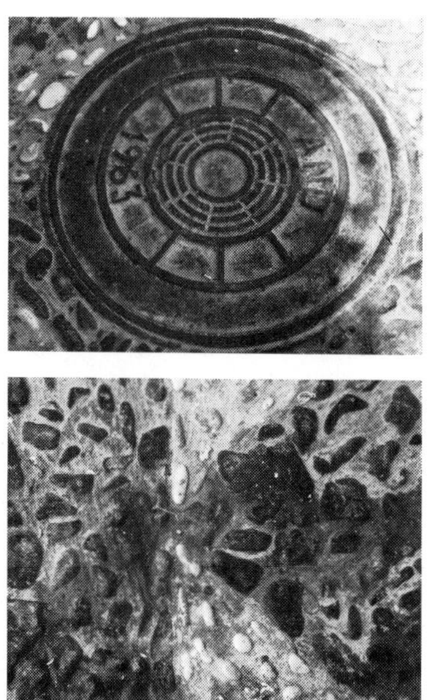

4

5

1

Bodenbelag	Floor covering	Pavé
Übergangsbereich	Transition area	Zone de transition
Kulturzone	Cultural area	Zone de culture
ORT: Athen, Aufgang Akropolis, GR		
DETAIL A		
Marmor	Marble	Marbre
RAL 9002 Grauweiß	Gray white	Blanc gris
Glatt	Polished	Lié
Behauen	Cuted	Taillé
1 Übersicht	General view	Vue d'ensemble
2 Objekt	Subject	Objet
3 Ansicht	Full view	Vue
4 Besondere Stellen	Special positions	Positions spéciales
5 Varianten	Variations	Variantes

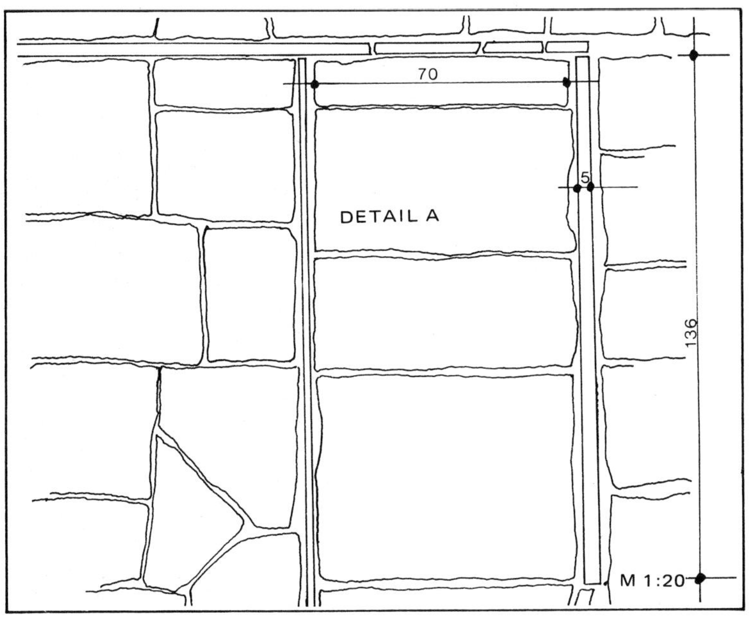

2

3

4

5

Am Fuß des Berges erweitert sich die Zufahrt zu einem Platz, auf dem man sich versammelt, ehe der Aufstieg beginnt. Hier parken auch die Personenwagen und Busse. Altes, gebrauchtes Steinmaterial bildet die Fläche, auf der sich alles bewegt. Die neuen Zeichen im Boden lassen sich nicht mit einem Blick übersehen. Man muß ihre verschiedenen Teile gleichsam im Gehen auflesen: Vorgeschmack auf die historische Stätte.

At the foot of the mountain the approach road enlarges to a square where people assemble before the ascents begins. Here the cars and busses also park. Old, used stones form the surface on which everything moves. The new signs in the floor cannot be taken in at one glance. One has to read the different parts so to speak whilst walking: foretaste of the historical scene.

Der Straßenraum ist in drei verschiedene Bereiche gegliedert, die durch ordnende Reihen voneinander getrennt sind. Man hat die Wahl: Nähe zur Wand, oder Nähe zum Wasser oder in der Mitte. Die unterschiedliche Position wird durch ein jeweils anders strukturiertes Pflaster begleitet, das auch einen eigenen Klang hat und ein bestimmtes Gefühl beim Gehen. So wird die Wahl der Seite über mehrere Sinne gestützt.

The street space is divided into three different areas which are separated by ordered rows. One can chose nearness to the wall or nearness to the water or the centre. The different position is accompanied by respectively differently structured paving which also has its own sound and a special feeling when walking. Thus, the choice of side is supported through several senses.

1

Bodenbelag	Floor covering	Pavé
Übergangsbereich	Transition area	Zone de transition
Verkehrszone	Traffic area	Zone du trafic
ORT: Goslar, An der Anzucht, D.,		
DETAIL A		
Sandstein	Sandstone	Grès
RAL 1019 Graubeige	Gray beige	Beige gris
Rauh	Rough	Rugueux
Gesägt	Sawed	Scié
DETAIL B		
Basalt	Basalt	Basalte
Granit	Granite	Granit
Grauwacke	Graywacke	Grès de houillères
RAL 7030 Steingrau	Stone gray	Gris pierre
RAL 7031 Blaugrau	Blue gray	Gris bleu
RAL 9002 Grauweiß	Gray white	Blanc gris
Glatt	Polished	Lissé
Behauen	Cuted	Taillé
DETAIL C		
Granit	Granite	Granit
RAL 3012 Beigerot	Beige red	Rouge beige
Glatt	Polished	Lissé
Behauen	Cuted	Taillé
1 Übersicht	General view	Vue d'ensemble
2 Objekt	Subject	Objet
3 Ansicht	Full view	Vue
4 Besondere Stellen	Special positions	Positions spéciales
5 Varianten	Variations	Variantes

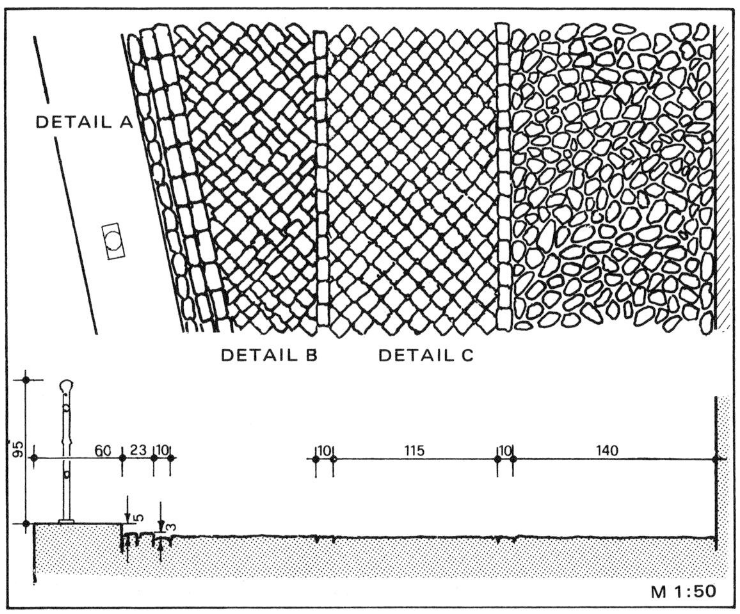

2

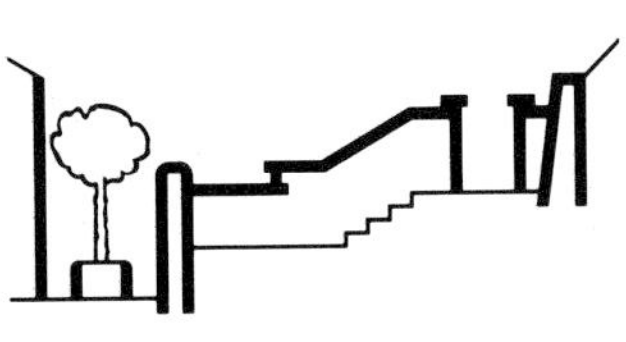

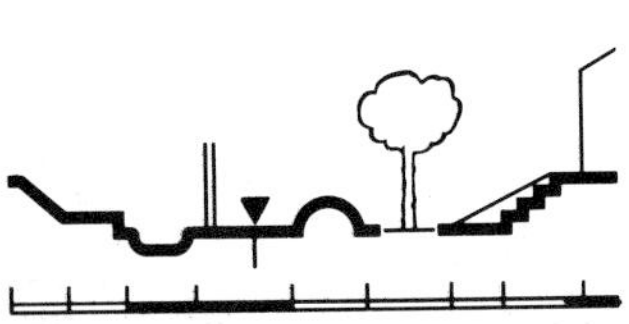

3

4

5

1

Rampe Eingangsbereich Kulturzone	Ramp Entrance area Cultural area	Rampe Zone d'entrée Zone de culture
ORT: San Gimignano, Piazza del Duomo, I		
DETAIL A		
Ziegel RAL 8004 Kupferbraun Glatt	Brick Copper brown Polished	Brique Brun cuivré Lissé
DETAIL B		
Kalk RAL 7035 Lichtgrau Rauh Behauen	Lime Light gray Rough Cuted	Chaux Gris clair Rugueux Taillé
1 Übersicht 2 Objekt 3 Ansicht 4 Besondere Stellen 5 Varianten	General view Subject Full view Special positions Variations	Vue d'ensemble Objet Vue Positions spéciales Variantes

Steil steigt der Platz auf die Höhe des Domes. Es führt eine Rampe hinauf, die in ihrer starken Neigung fast einer Treppe gleichkommt. Sie läßt sich nur sehr langsam befahren und die Menschen folgen dem Leichenwagen in gebeugter Haltung. Dabei müssen sie das Zeichen des Fisches beachten im Grätenmuster zu ihren Füßen. Für den aufrechten Gang benutzt man die benachbarten Treppenanlagen.

The square ascends steeply to the height of the dome. A rampart leads up to it, which by its incline almost resembles a step. Only slowly can it be passed over and the people follow the hearse in a stooped attitude. In doing so they have to consider the signs of the fish in the herringbone pattern at their feet. One uses the neighbouring steps for walking erect.

2

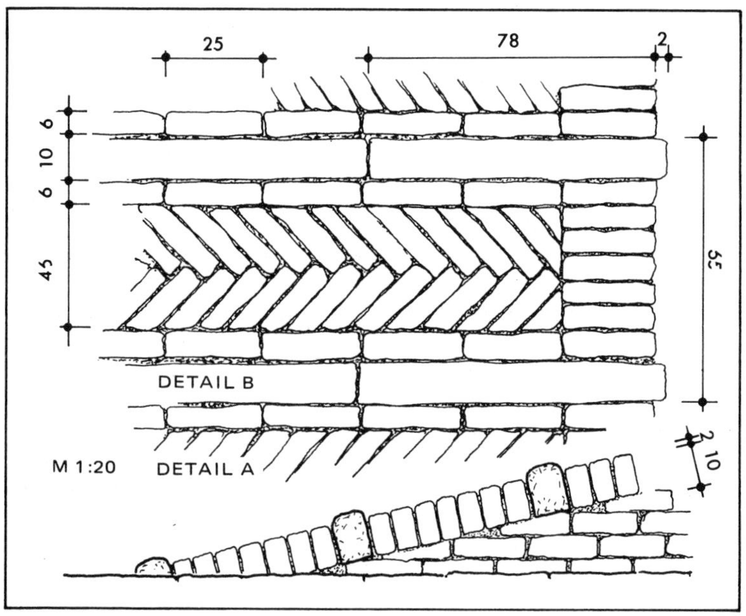

3

4

5

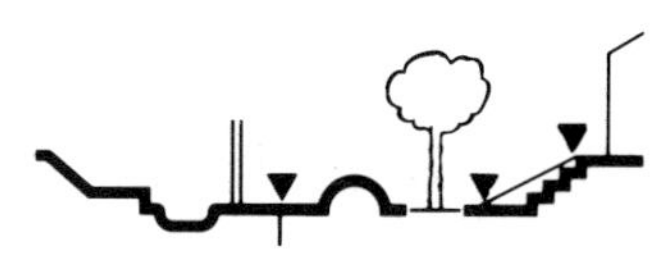

Neigung und Steigung, Rampe, Böschung, alle geraden und schrägen Flächen sind von jedem Standpunkt der Anlage aus einzusehen. Auf Höhe des Eingangs sieht man von den parkenden Wagen nur die Dächer. Das Auge liest ungehindert den Umriß der Bebauung an ihren Rändern und Kanten ab. Es scheint, als seien sie eigens für diesen Blick besonders sorgfältig ausgebildet.

Incline and ascent, rampart and slope, all plane and slanting surfaces can be seen from each position of the grounds. At the level of the entrance one sees only the rooves of the parked cars. The eye unhindered reads the outlines of the buildings by their edges and borders. It seems as if they were carefully designed just for this view.

1

Bodenbelag	Floor covering	Pavé
Eingangsbereich	Entrance area	Zone d'entrée
Verkehrszone	Traffic area	Zone du trafic
ORT: Kopenhagen, Direktorat für Taldvaesenet, DK..		
DETAIL A		
Granit	Granite	Granit
RAL 7038 Achatgrau	Agate gray	Gris agate
Glatt	Polished	Lissé
Gesägt	Sawed	Scié
DETAIL B		
Granit	Granite	Granit
RAL 7038 Achatgrau	Agate gray	Gris agate
Glatt	Polished	Lissé
Gesägt	Sawed	Scié
DETAIL C		
Granit	Granite	Granit
RAL 7032 Kieselgrau	Pebble gray	Gris silex
Rauh	Rough	Rugueux
Behauen	Cuted	Taillé
1 Übersicht	General view	Vue d'ensemble
2 Objekt	Subject	Objet
3 Ansicht	Full view	Vue
4 Besondere Stellen	Special positions	Positions spéciales
5 Varianten	Variations	Variantes

2

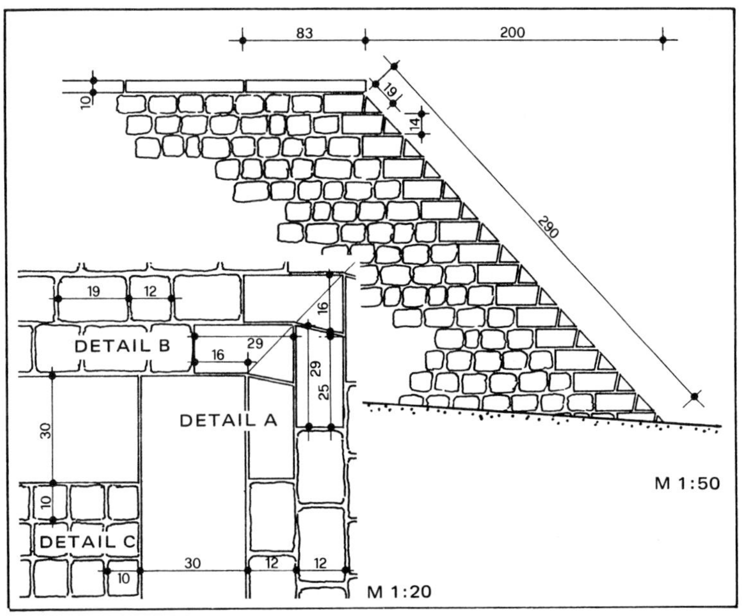

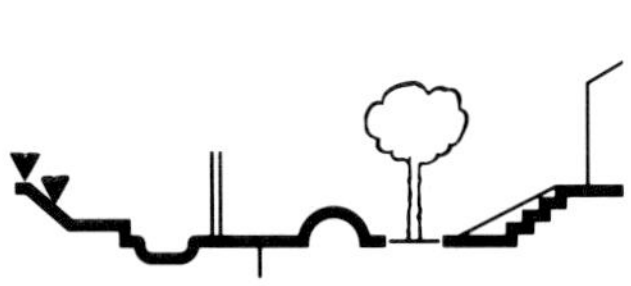

3

4

5

1

Bodenbelag	Floor covering	Pavé
Ubergangsbereich	Transition area	Zone d'exterieur
Straße	Street	Rue
ORT: Veere, Kai, NL		
DETAIL A		
Klinker	Clinker	Brique recuite
RAL 3012 Beigerot	Beige red	Rouge beige
Glatt	Polished	Lissé
Gebrannt	Baked	Cuite
DETAIL B		
Granit	Granite	Granit
Basalt	Basalt	Basalte
Porphyr		
RAL 1011 Braunbeige	Brown beige	Beige brun
RAL 1001 Beige	Beige	Beige
RAL 1000 Grünbeige	Green beige	Beige vert
Glatt	Polished	Lissé
DETAIL C		
Beton	Concrete	Beton
1 Übersicht	General view	Vue d'ensemble
2 Objekt	Subject	Objet
3 Ansicht	Full view	Vue
4 Besondere Stellen	Special positions	Positions spéciales
5 Varianten	Variations	Variantes

Niedrige Formsteine und der Wechsel in der Struktur des Pflasters sorgen unscheinbar für die Ordnung des Verkehrs. Fehlen die parkenden Fahrzeuge, wirkt die Fläche des Kais als Ganzes.

Low structural stones and the change within the structure of the paving inconspicuously ensure the regulation of the traffic. When the parked cars are absent, the surface of the quay functions as an integral whole.

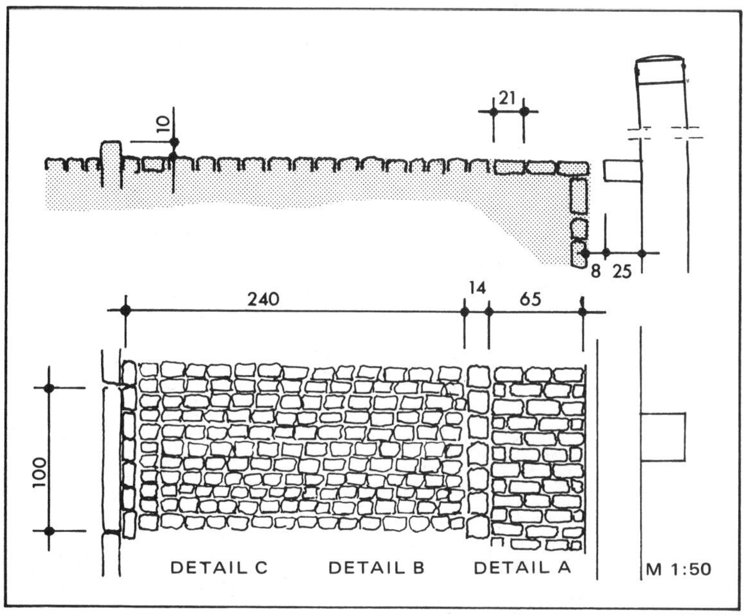

2

3

4

5

An der unterschiedlichen Oberfläche der beiden Bodenbeläge orientiert sich der Verkehr. Die glatten Platten übernehmen dabei eine mehrfache Funktion. Zwei dienen jeweils als Fahrspur, sie erleichtern das Gehen und verweisen auf die Eingänge der Gebäude.

The traffic orientates itself to the different surfaces of the two floor coverings. The plain slabs take over manifold functions. Two of them serve as traffic lanes; they facilitate walking and refer to the entrances of the buildings.

1

Bodenbelag	Floor covering	Pavé
Verfügungsbereich	Disposition area	Zone de disposition
Kulturzone	Cultural area	Zone de culture
ORT: Cannero, I.,		
DETAIL A		
Kalk	Lime	Chaux
RAL 7035 Lichtgrau	Light gray	Gris clair
Rauh	Rough	Rugueux
Gesägt	Sawed	Scié
DETAIL B		
Kiesel	Pebble	Caillou
RAL 1014 Elfenbein	Ivory	Ivoire
Glatt	Polished	Lissé
1 Übersicht	General view	Vue d'ensemble
2 Objekt	Subject	Objet
3 Ansicht	Full view	Vue
4 Besondere Stellen	Special positions	Positions spéciales
5 Varianten	Variations	Variantes

2

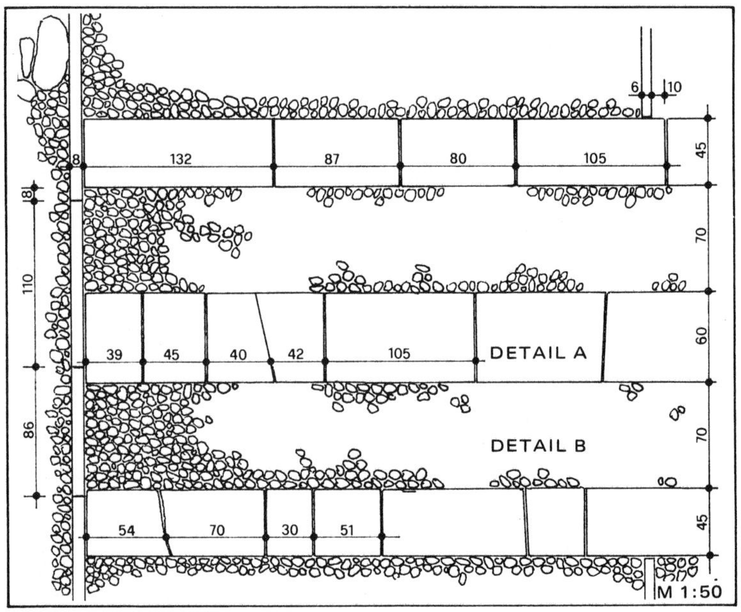

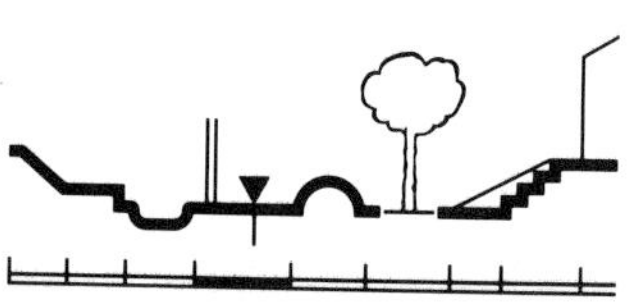

3

4

1

Bodenbelag	Floor covering	Pavé
Eingangsbereich	Entrance area	Zone d'entrée
Straße	Street	Rue

ORT: Aachen, Fuchserde
KONZEPTION/DESIGN: Boeminghaus, D, 1977

DETAIL A		
Granit	Granite	Granit
RAL 7015 Schiefergrau	Slate gray	Gris ardoise
Rauh	Rough	Rugueux
Gesägt	Sawed	Scié
DETAIL B		
Grauwacke	Graywacke	Gris des houillères
RAL 1000 Grünbeige	Green beige	Beige vert
Glatt	Polished	Lissé
Behauen	Cuted	Taillé
DETAIL C		
Basalt	Basalt	Basalte
RAL 7031 Blaugrau	Blue gray	Gris bleu
Glatt	Polished	Lissé
Behauen	Cuted	Taillé

1 Übersicht	General view	Vue d'ensemble
2 Objekt	Subject	Objet
3 Ansicht	Full view	Vue
4 Besondere Stellen	Special positions	Positions spéciales
5 Varianten	Variations	Variantes

Statt durch einen Vorgarten wird der gewünschte Abstand zwischen Wohnhaus und Gehweg durch Pflasterung und alte Platten gehalten, die für Fußgänger und parkende Fahrzeuge gleichermaßen geeignet erscheinen. Ohne Verkehr bietet der Bereich im Vorbeigehen genügend Anreiz für das Auge und verweist auf den Eingang. Die Hecke am Rand verfolgt den gleichen Gedanken.

Instead of a front garden the desired distance between house and pavement is attained by paving and old slabs which seems as appropriate for pedestrians as for parking cars. Without traffic, this area offers sufficient stimulus for the eye and refers to the entrance. The hedge at the border pursues the same idea.

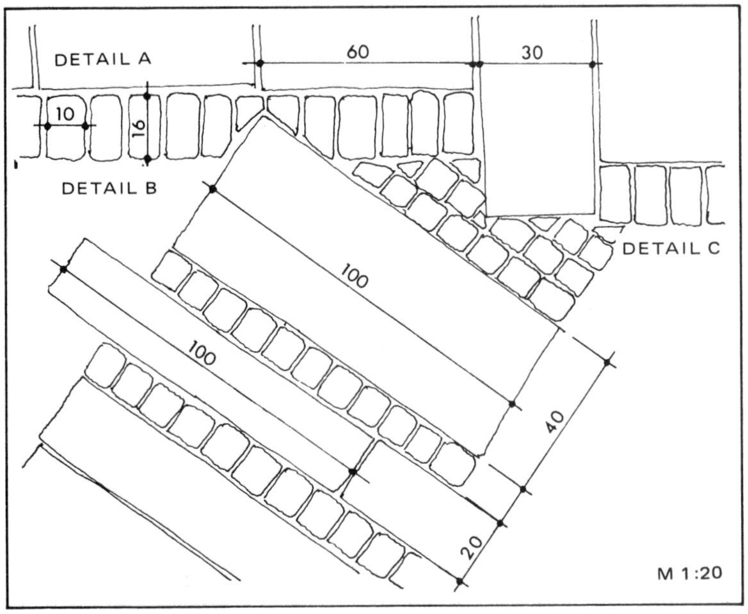

2

3

4

5

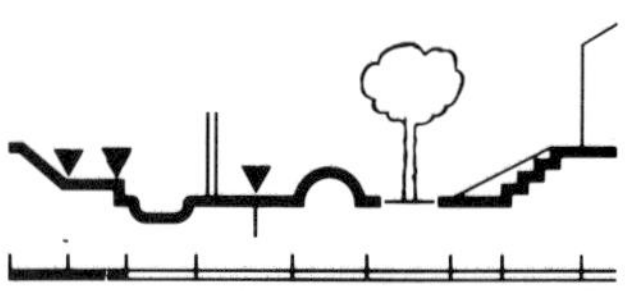

Wie eine vorgeschobene Bastion wirkt das Halbrund der Parkfläche am Rand der Grünanlagen. Senkrecht versetzte Fußwegplatten bilden den Abschluß der Rasenflächen und verwehren den störenden Einblick auf die parkenden Fahrzeuge.

The semi-circular area at the edge of the gardens seems like an advanced bastion. Vertically shifted pavement slabs form the completion of the lawn surfaces and shield us the disturbing view of the parked cars.

1

Mauer-Beet	Wall-Bed	Mur-Planche
Grenzbereich	Limitation area	Zone de limitation
Verkehrszone	Traffic area	Zone du trafic
ORT: Kopenhagen, Esplanaden, DK.,		
DETAIL A		
Granit	Granite	Granit
RAL 3014 Altrosa	Antique pink	Vieux rosé
RAL 7031 Blaugrau	Blue gray	Gris bleu
RAL 7034 Gelbgrau	Yellow gray	Gris jaune
Glatt	Polished	Lissé
Poliert	Polished	Poli
1 Übersicht	General view	Vue d'ensemble
2 Objekt	Subject	Objet
3 Ansicht	Full view	Vue
4 Besondere Stellen	Special positions	Positions spéciales
5 Varianten	Variations	Variantes

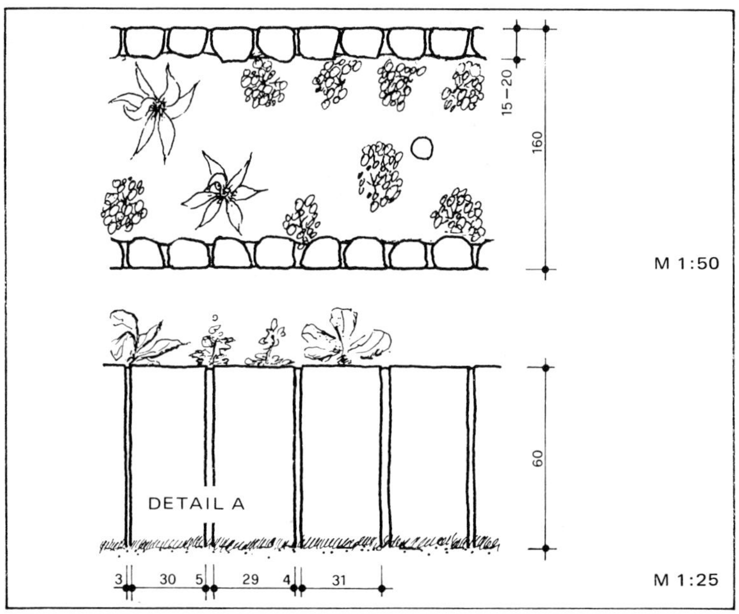

2

3

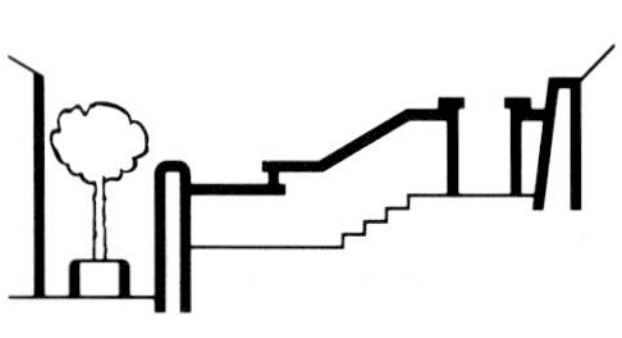

5

1

Bodenbelag	Floor covering	Pavé
Übergangsbereich	Transition area	Zone de transition
Verkehrszone	Traffic area	Zone du trafic
ORT: Aalborg, Universität, DK		
DESIGN: Hans Dall, T., Lindhardtsen		
DETAIL A		
Beton	Concrete	Béton
RAL 7038 Achatgrau	Agate gray	Gris agate
Rauh	Rough	Rugueux
Gegossen	Casted	Moulé
1 Übersicht	General view	Vue d'ensemble
2 Objekt	Subject	Objet
3 Ansicht	Full view	Vue
4 Besondere Stellen	Special positions	Positions spéciales
5 Varianten	Variations	Variantes

Zwei Strukturen, so grundverschieden wie die Neigungen des Menschen, sind bei der Gestaltung der Parkflächen miteinander verbunden worden. Die strenge technische Ordnung von Beton und Stahl, die dem Verkehr und dem Fortschritt entspricht, wird durchkreuzt von der natürlichen Formensprache von Bäumen und Gräsern, die sich mehr auf die Empfindung des Fahrers bezieht, wenn er sein Fahrzeug verläßt.

Two structures as basically different as the inclinations of men have been linked together by the design of the parking areas. The severe technical order of concrete and steel which corresponds to traffic and progress is intersected by natural language of forms of trees and grass which relates more to the sensibility of the driver when he leaves his car.

2

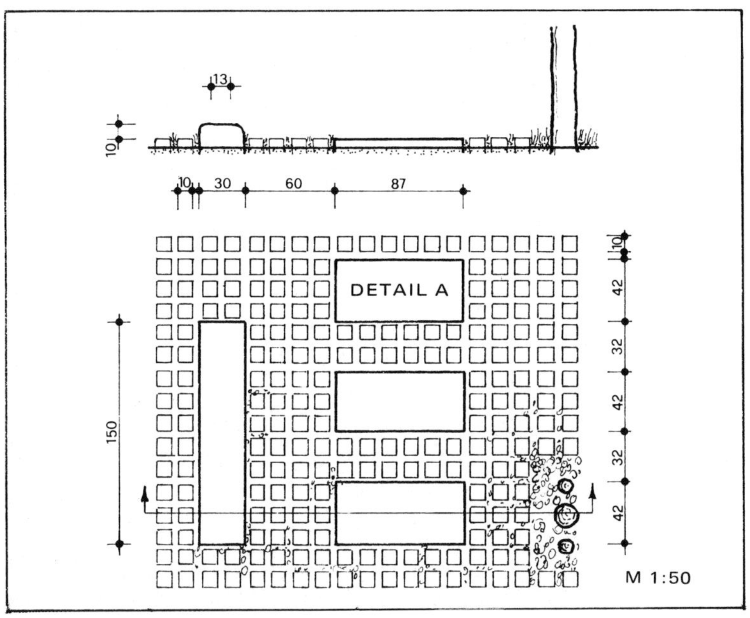

3

4

5

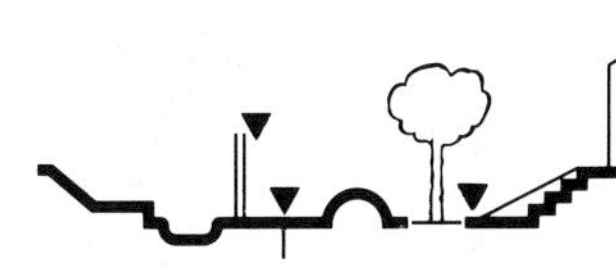

1

Mauer-Treppe	Wall-Stair	Mur-Escalier
Übergangsbereich	Transition area	Zone de transition
Verkehrszone	Traffic area	Zone du trafic
ORT: Gudo, Tessin, CH.,		
DETAIL A		
Granit	Granite	Granit
RAL 7035 Lichtgrau	Light gray	Gris clair
RAL 7038 Achat grau	Agate gray	Gris agate
Rauh	Rough	Rugueux
Gesägt	Sawed	Scié
Behauen	Cuted	Taillé
1 Übersicht	General view	Vue d'ensemble
2 Objekt	Subject	Objet
3 Ansicht	Full view	Vue
4 Besondere Stellen	Special positions	Positions spéciale
5 Varianten	Variations	Variantes

Finally Ticino is again shown. But we are no longer occupied with the old path into the valley with all imaginable shapes of path and wall. The question is now: How can the border of a street in the same landsape be formed and the necessary incision into the country be checked? One sees that in the design all details were considered. The old experiences can easily be transmitted and absorbed into the repertory of the modern design solutions.

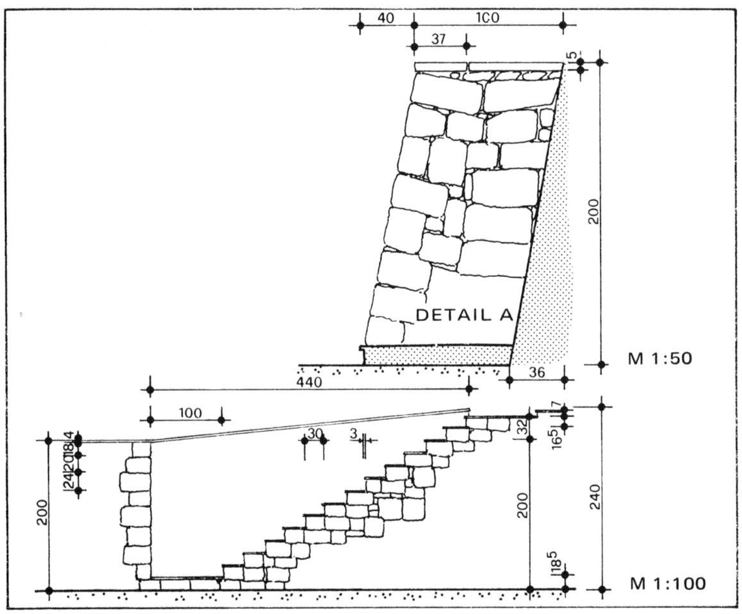

2

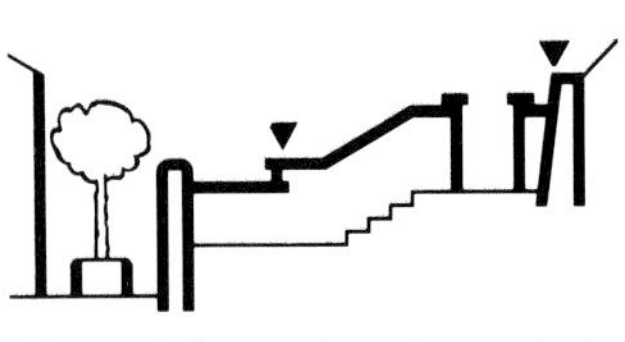

3

4

5

Am Ende wird noch einmal das Tessin aufgeboten. Aber es ist nicht mehr der alte Pfad ins Tal mit allen erdenklichen Formen des Weges und der Mauern, der uns beschäftigt (S. 23). Die Frage lautet: Wie kann man in der gleichen Landschaft den Rand einer neuen Straße gestalten und den notwendigen Abschnitt im Gelände abfangen? Man sieht, bei der Planung wurden alle Einzelheiten bedacht. Die alten Erfahrungen lassen sich mühelos in unserer Formensprache übertragen und in das Repertoir von modernen Gestaltungslösungen aufnehmen.

Literatur
Bibliography

Arbeitsblätter in: Garten + Landschaft, Callwey Verlag, München (seit 1/1977 bis 1980); in: Steinmetz + Bildhauer, Callwey Verlag, München (seit 1/1977 bis 1979)
Alfred Baetzner Natursteinarbeiten im Garten- und Landschaftsbau, Vorkommen der Gesteine, Bearbeitung und Verwendung, Eugen Ulmer Verlag, Stuttgart, 1979
Boeminghaus, Dieter Fußgängerbereiche und Gestaltungselemente, Karl Krämer Verlag, Stuttgart, 1982
Boeminghaus, Dieter Stadtbesichtigungen, Projekt 19, Karl Krämer Verlag, Stuttgart, 1976
Boeminghaus, Dieter Ansätze zu einer Beschreibung öffentlicher Bereiche am Beispiel von Fußgängerzonen, in: Das Gartenamt 6/77
Fußgängerbereiche, Freiräume architektur wettbewerbe, aw 95, Karl Krämer Verlag, Stuttgart 1978
Grün 80 anthos 1/80, Zeitschrift für Freiraumgestaltung, Grün- und Lanschaftsplanung, Zürich, 1980
Innerstädtische Freiräume, Fußgängerzonen Architektur + wettbewerbe, aw 109, Karl Krämer Verlag, Stuttgart 1982
Naturstein anthos 2/82, Zeitschrift für Freiraumgestaltung, Grün- und Landschaftsplanung, Zürich, 1982
Natursteinlexikon Hrsg.: G. Mehling. Werkstoffe, Werkzeuge und Maschinen, Wirtschaft und Handel – Gestaltung und Techniken von der Antike bis heute, Callwey Verlag, München, 1973
RAL-Farben Farbregister RAL 840 HR, Beuth Verlag, Berlin
Valentien, Otto Mauern und Wege in Garten, Heft 3 der Schriftenreihe der Deutschen Gesellschaft für Gartenkunst und Landschaftspflege, Callwey Verlag, München, 1958

Sachregister

Index of Subjects

Ortsregister
Index of Places

B = Bodenbelag (Covering)
M = Mauer (Wall)

Fotonachweis
Index of Photographs

Sämtliche Fotos: Boeminghaus, Dieter, Aachen, außer:
Berck, Carmen, Herzogenrath S. 58/59, 146
Engel, Jörg, Aachen S. 67
Fischer, Aachen S. 32
Hartmann, Düsseldorf S. 44, 45, 46, 69
Müller, Robert, Eschweiler S. 51, 63, 130, 152